U0182932

国家出版基金项目
NATIONAL PUBLICATION FOUNDATION

『十三五』国家重点出版物出版规划项目

The Art of
Chinese
Silks

FOLK
EMBROIDERY

中国历代丝绸艺术

民间刺绣

赵 丰 ◎ 总主编

邝杨华 ◎ 著

浙江大学出版社
ZHEJIANG UNIVERSITY PRESS

　　2018 年，我们"中国丝绸文物分析与设计素材再造关键技术研究与应用"的项目团队和浙江大学出版社合作出版了国家出版基金项目成果"中国古代丝绸设计素材图系"（以下简称"图系"），又马上投入了再编一套 10 卷本丛书的准备工作中，即国家出版基金项目和"十三五"国家重点出版物出版规划项目成果"中国历代丝绸艺术丛书"。

　　以前由我经手所著或主编的中国丝绸艺术主题的出版物有三种。最早的是一册《丝绸艺术史》，1992 年由浙江美术学院出版社出版，2005 年增订成为《中国丝绸艺术史》，由文物出版社出版。但这事实上是一本教材，用于丝绸纺织或染织美术类的教学，分门别类，细细道来，用的彩图不多，大多是线描的黑白图，适合学生对照查阅。后来是 2012 年的一部大书《中国丝绸艺术》，由中国的外文出版社和美国的耶鲁大学出版社联合出版，事实上，耶鲁大学出版社出的是英文版，外文出版社出的是中文版。中文版由我和我的老师、美国大都会艺术博物馆亚洲艺术部主任屈志仁先生担任主编，写作由国内外七八位学者合作担纲，书的内容翔实，图文并茂。但问题是实在太重，一般情况下必须平平整整地摊放在书桌上翻阅才行。第三种就是我们和浙江大学出版社合作的"图系"，共有 10 卷，此外还包括 2020 年出版的《中国丝绸设计（精选版）》，用了大量古代丝绸文物的复原图，经过我们的研究、拼合、复原、描绘等过程，呈现的是一幅幅可用于当代工艺再设计创作的图案，比较适合查阅。如今，如果我们想再编一套不一样的有关中国丝绸艺术史的出版物，我希望它是一种小手册，类似于日本出版的美术系列，有一个大的统称，却基本可以按时代分成 10 卷，每一卷都便于写，便于携，便于读。于是我们便有了这一套新形式的"中国历代丝绸艺术丛书"。

当然，这种出版物的基础还是我们的"图系"。首先，"图系"让我们组成了一支队伍，这支队伍中有来自中国丝绸博物馆、东华大学、浙江理工大学、浙江工业大学、安徽工程大学、北京服装学院、浙江纺织服装职业技术学院等的教师，他们大多是我的学生，我们一起学习，一起工作，有着比较相似的学术训练和知识基础。其次，"图系"让我们积累了大量的基础资料，特别是丝绸实物的资料。在"图系"项目中，我们收集了上万件中国古代丝绸文物的信息，但大部分只是把复原绘制的图案用于"图系"，真正的文物被隐藏在了"图系"的背后。再次，在"图系"中，我们虽然已按时代进行了梳理，但因为"图系"的工作目标是对图案进行收集整理和分类，所以我们大多是按图案的品种属性进行分卷的，如锦绣、绒毯、小件绣品、装裱锦绫、暗花，不能很好地反映丝绸艺术的时代特征和演变过程。最后，我们决定，在这一套"中国历代丝绸艺术丛书"中，我们就以时代为界线，将丛书分为 10 卷，几乎每卷都有相对明确的年代，如汉魏、隋唐、宋代、辽金、元代、明代、清代。为更好地反映中国明清时期的丝绸艺术风格，另有宫廷刺绣和民间刺绣两卷，此外还有同样承载了关于古代服饰或丝绸艺术丰富信息的图像一卷。

从内容上看，"中国历代丝绸艺术丛书"显得更为系统一些。我们勾画了中国各时期各种类丝绸艺术的发展框架，叙述了丝绸图案的艺术风格及其背后的文化内涵。我们梳理和剖析了中国丝绸文物绚丽多彩的悠久历史、深沉的文化与寓意，这些丝绸文物反映了中国古代社会的思想观念、宗教信仰、生活习俗和审美情趣，充分体现了古人的聪明才智。在表达形式上，这套丛书的文字叙述分析更为丰富细致，更为通俗易读，兼具学术性与普及性。每卷还精选了约 200 幅图片，以文物图为主，兼收纹样复原图，使此丛书与"图系"的区别更为明确一些。我们也特别加上了包含纹样信息的文物名称和出土信息等的图片注释，并在每卷书正文之后尽可能提供了图片来源，便于读者索引。此外，丛书策划伊始就确定以中文版、英文版两种形式出版，让丝绸成为中国文化和海外文化相互传递和交融的媒介。在装帧风格上，有别于"图系"那样的大开本，这套丛书以轻巧的小开本形式呈现。一卷在手，并不很大，方便携带和阅读，希望能为读者朋友带来新的阅读体验。

我们团队和浙江大学出版社的合作颇早颇多，这里我要感谢浙江大学出版社前任社长鲁东明教授。东明是计算机专家，却一直与文化遗产结缘，特别致力于丝绸之路石窟寺观壁画和丝绸文物的数字化保护。我们双方从 2016 年起就开始合作建设国家文化产业发展专项资金重大项目"中国丝绸艺术数字资源库及服务平台",希望能在系统完整地调查国内外馆藏中国丝绸文物的基础上,抢救性高保真数字化采集丝绸文物数据,以保护其蕴含的珍贵历史、文化、艺术与科技价值信息,结合丝绸文物及相关文献资料进行数字化整理研究。目前,该平台项目已初步结项,平台的内容也越来越丰富,不仅有前面提到的"图系",还有关于丝绸的博物馆展览图录、学术研究、文献史料等累累硕果,而"中国历代丝绸艺术丛书"可以说是该平台项目的一种转化形式。

中国丝绸的丰富遗产不计其数,特别是散藏在世界各地的中国丝绸,有许多尚未得到较完整的统计和保护。所以,我们团队和浙江大学出版社仍在继续合作"中国丝绸海外藏"项目,我们也在继续谋划"中国丝绸大系",正在实施国家重点研发计划项目"世界丝绸互动地图关键技术研发和示范",此丛书也是该项目的成果之一。我相信,丰富精美的丝绸是中国发明、人类共同贡献的宝贵文化遗产,不仅在讲好中国故事,更会在讲好丝路故事中展示其独特的风采,发挥其独特的作用。我也期待,"中国历代丝绸艺术丛书"能进一步梳理中国丝绸文化的内涵,继承和发扬传统文化精神,提升当代设计作品的文化创意,为从事艺术史研究、纺织品设计和艺术创作的同仁与读者提供参考资料,推动优秀传统文化的传承弘扬和振兴活化。

中国丝绸博物馆　赵　丰

2020 年 12 月 7 日

率真纯朴——中国民间刺绣艺术

刺绣俗称"绣花"或"扎花"，是一种用针引线在织物上穿绕形成图案的技艺。旧时，刺绣多为妇女制作，因此称为"女红艺术"或"母亲的艺术"。民间刺绣主要是广大农村妇女在休歇时为自己、爱人、儿女、长辈和亲友等制作，她们把自己的情意、感受和理想也一同绣进了作品里，针线之间流淌着她们纯真质朴的情感。她们花费若干年心血为自己绣制的那些精致美丽的嫁衣和嫁妆无不倾注了她们对美满婚姻的憧憬和渴望，她们为儿女们制作的那些童趣盎然的虎头帽和布玩具无不蕴含着母亲的期盼和慈爱。这些丰富多彩的民间刺绣上凝结了妇女世代相传的智慧和情感。

但是，民间刺绣也不全然是妇女的，它们体现了劳动人民许多共同的审美意识，反映了他们对美好生活的向往和对善恶是非的认知和判断，因此具有普遍意义。民间刺绣，例如姑娘们脚上穿的绣花鞋、小伙子身上围的绣花裹肚、老大娘头上戴的绣花眉勒子和老大爷烟杆子上挂的绣花烟荷包、小孩子手里抱的布老虎等等，曾经都是劳动人民生活中鲜活的日常之物，它们率真纯朴、生动活泼，具有浓郁的乡土气息和蓬勃的生命力，是真真切切的民间艺术。它们可能不像宫廷刺绣精工细作，却多了一些质朴和新鲜，而这正是民间刺绣的独特之处。

今天，我们生活在急速变革的时代，每一种传统文化都面临前所未有的挑战。民间刺绣建立在农业社会男耕女织、自给自足的生产和生活模式上，随着农耕时代的结束，它们也逐渐失去了存在的基础。在科技和社会飞速发展的今天，我们也仅在看到过去这些鲜活的绣品时偶尔会有这样的疑惑：相对于过去，人们的物质生活水平毋庸置疑是提高了，例如过去一个姑娘要花费数年甚至十数年的光阴为自己准备结婚用品，在商品经济时代，结婚用品可以在非常短的时间内以非常便捷的方式购置齐全。我们的生活确实便利了，但是我们的情感是否也随着物质的丰裕更加饱满深厚了呢？我想答案是否定的，不然近些年来也不会有关于民族和民间文化回归的各种呼声和举措了。我和千千万万喜爱民间刺绣的人一样希望能够通过关注它们的过去、现在去关注它们的未来。

中

国

历

代

丝

绸

艺

术

目录
CONTENTS

一

民间刺绣的历史溯源

中
国
历
代
丝
绸
艺
术

　　我国的刺绣历史悠久，它和织锦一样是我国优秀的传统手工艺，所以自古以来人们常将"锦绣"并称，用来形容美好的事物，例如"锦绣河山""锦绣前程"等。在以农耕为基础的社会，刺绣是我国历代妇女妇德的表现之一，在民间有普遍的运用。从民间刺绣发展的历史来看，刺绣经历了一个从简单到丰富的过程，每个阶段又有各自的风格特点。

（一）秦代以前

刺绣从一开始应该就是一门民间的艺术。为了装饰自己和美化生活，先民在衣物上用彩线绣出各种花纹图案。后来，随着生产的进步和社会分工的发展才逐渐出现了专门生产绣品的作坊，统治者还设立了专门为他们服务的刺绣机构。我国的刺绣起源很早，据说是原始社会后期由舜创造的①，但仅是传说而已。《管子》曾说夏桀宫中女乐"无不服文绣衣裳"。商周时期，《诗经》中有"素衣朱绣""衮衣绣裳"，可能是指白色的衣服上绣着红色的图案，衮衣的下裳上装饰刺绣。据《太平御览》记载，纣王"处茅屋之下，必将衣文绣之衣"；据《国语》记载，齐襄公在位时"衣必文绣"；据《史记》记载，楚庄王有爱马"衣以文绣"。虽然这些记载不能直接反应刺绣在民间应用的情况，但也间接说明当时刺绣在服饰上已经比较常见。从考古发现来看，陕西省宝鸡茹家庄西周墓中发现了锁针的印痕，一般为单线刺绣，有时为双线刺绣，针脚也比较均匀、齐整，说明商周时期我国的刺绣已经得到了发展②。战国时期，我国的刺绣达到了较高水平，从湖北江

---

① 《尚书·益稷》记载了舜命禹做衣服的故事，帝（舜）曰："予欲观古人之象，日、月、星辰、山、龙、华虫，作会；宗彝、藻、火、粉米、黼、黻，絺绣；以五采彰施于五色，作服，汝明。"意思是用绘画的方式在衣服上装饰日、月、星辰、山、龙、华虫的图案，用刺绣的方式在衣服上装饰宗彝、藻、火、粉米、黼、黻的图案。这十二种图案后来成为历代帝王衮服的典范，即十二章。
② 李也贞.有关西周丝织和刺绣的重要发现.文物，1976(4)：60-63.

陵马山一号楚墓^①和湖南长沙楚墓^②等地出土的刺绣可以概见，此时的刺绣多以龙凤为题材，以锁针绣制，线条流畅，技术精湛（图1）。

▲ 图1　龙凤虎纹刺绣罗衣（局部）
战国时期，湖北江陵马山一号楚墓出土

---

① 湖北省荆州地区博物馆 . 江陵马山一号楚墓 . 北京：文物出版社，1985：56-63.
② 高至喜 . 长沙烈士公园 3 号木椁墓清理简报 . 文物，1959(10)：68-70.

（二）秦汉时期

　　秦汉时期，特别是西汉时期，刺绣与织锦齐名，同为珍品。刺绣在人们的生活中应用更加广泛，品种日渐增多，随着需求的增加还出现了专业的刺绣匠师。从史籍记载来看，帝王、贵族用绣极多，此外还用其赏赐西北少数民族。统治阶级为了维护自己的统治，诏令商人不得穿有刺绣的衣服，从一个侧面反映了当时刺绣在民间的流行。汉朝时设有专门的纺织刺绣作坊，帝都长安设东、西织室，齐郡临淄设三服官。齐郡的刺绣盛名已久，《汉书·地理志》载：齐郡"织作冰纨绮绣纯丽之物，号为冠带衣履天下"[①]，《论衡》亦称："齐部世刺绣，恒女无不能。"[②]随着自给自足的小农经济形式的确立和家庭手工业的发展，民间也存在一定数量自用刺绣的生产。从考古发现来看，长沙马王堆[③]、保定满城[④]、北京大葆台[⑤]、山东日照[⑥]、连云港东海尹湾[⑦]、甘肃武威[⑧]，以及蒙古诺因乌拉[⑨]等地都有西汉刺绣出土，尤其以长

① 班固.汉书（卷二十八下）·地理志（第八下）.北京：中华书局，1962：1660.
② 王充.论衡（卷十二）·程材篇.上海：上海古籍出版，1990：123.
③ 湖南省博物馆，中国科学院考古所.长沙马王堆一号汉墓.北京：文物出版社，1973：57-64.
④ 中国科学院考古研究所满城发掘队.满城汉墓发掘报告.北京：文物出版社，1980：307-311.
⑤ 大葆台汉墓发掘组，等.北京大葆台汉墓.北京：文物出版社，1989：58.
⑥ 郑同修.北方最美的500件漆器——山东日照海曲汉墓.文物天地，2003(3)：24.
⑦ 连云港市博物馆.江苏东海县尹湾汉墓群发掘简报.文物，1996(8)：11-13.
⑧ 新疆博物馆出土文物展览小组.丝绸之路——汉唐织物.北京：文物出版社，1972：1.
⑨ Лубо-Лесниченко Е. И. Древние китайские шелковые ткани и вышивки V в. до н.э.-III в. н.э. в собрании Государственного Эрмитажа Каталог, Izd-vo Gos. Ėrmitazha, 1961.

沙马王堆一号汉墓出土的刺绣最为精彩，不仅数量可观，而且品种丰富，以绢、绮和罗为地，大多为锁绣，少数为平绣，图案主要为宛转流动的云气纹，另外也有茱萸纹和方格纹等。在新疆、甘肃等地丝绸之路沿途出土的汉代绣品主要为东汉时期的遗物，有些出自平民百姓的墓葬。新疆民丰尼雅一号墓发现的东汉刺绣，除见于衣服的缘边，还见于镜套、粉包和袜带等日用小件，基本为锁绣，图案风格和西汉时期已大不一样，以简化的植物纹，如茱萸、蔓草和花卉为多，还有一些写意的动物（图 2）[①]。

▲ 图 2　刺绣男裤裤腿缘边（局部）
东汉，新疆民丰尼雅一号墓出土

① 新疆维吾尔自治区博物馆. 新疆民丰县北大沙漠中古遗址墓葬区东汉合葬墓清理简报. 文物, 1960(6): 11-12;
夏鼐. 新疆新发现的古代丝织品——绮、锦和刺绣. 考古学报, 1963(1): 63-64.

（三）魏晋南北朝

魏晋南北朝时期刺绣的使用更加广泛，从史籍记载看，可做绣袍、绣衣、绣两裆，或装饰于领、袖和腰带等局部，也可用于幕帐等室内用品。文人诗有"新（又作'留'）衫绣两裆""新罗绣行缠""玉钗照绣领""低枝拂绣领""绣带飞纷葩""绣带合欢结""绣帐罗帷隐灯烛"和"绣幕围香风"等句，反映了刺绣在民间的广泛运用。从统治者屡屡颁布禁绣令，然令不久行、难见成效来看，刺绣在当时很受欢迎。三国两晋时，北方刺绣不如南方发达，至北朝时也盛行起来，《颜氏家训》谓："河北妇人织纴组紃之事，黼黻锦绣之工，大优于江东也。"[1]南方相对稳定，刺绣生产环境优于北方。孙吴时，刺绣风靡江南，《三国志·吴书》谓"妇人为绮靡之饰，不勤麻枲，并乡（绣）黼黻，转相仿效，耻独无有"[2]。《拾遗记》载吴国赵夫人能绣山川地势图，"既成，乃进于吴主，时人谓之'针绝'"。从这个时期诗歌中的描述来看，民间刺绣生产也非常普遍，"大妇缝罗裙，中妇料绣文""大妇缣始呈，中妇绣初营"之类都是对家庭生产的生动写照。从出土的实物来看，当时刺绣多采用锁针和劈针，也有穿珠和钉金。新疆伊犁昭苏曾出土一件团窠忍冬花卉纹刺绣，以钉缀的金泡饰和

---

[1] 颜之推，朱用纯．国学经典丛书（第2辑）·颜氏家训·朱子家训．武汉：长江文艺出版社，2019：23.
[2] 陈寿．三国志（卷六十五）·吴书（二十）·王楼贺韦华传（第二十）．北京：中华书局，1959：1468.

珍珠组成图案①。关于图案，文人诗中有"蒲桃绣"和"连枝绣"，"蒲桃"即葡萄，"连枝"就是蔓草，葡萄纹绣和蔓草纹绣在新疆吐鲁番和营盘等地都有发现。南北朝时期，随着佛教的传入和盛行，佛教题材的刺绣兴盛起来。敦煌莫高窟发现一件北魏太和十一年（487年）的刺绣佛像供养人。现存部分约是原件的三分之一，包括说法图（图3a）和横幅花边（图3b）。从现存残片上仍可见到一佛、一菩萨、五位供养人和各类纹饰②。

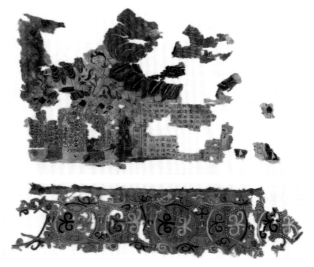

a
<hr>
b

图3 刺绣佛像供养人
北魏，甘肃敦煌莫高窟 125-126 窟出土
a 说法图残片
b 横幅花边残片

① 中国历史博物馆，新疆维吾尔自治区文物局 . 天山古道东西风——新疆丝绸之路文物特辑 . 北京：中国社会科学出版社，2002：65.
② 敦煌文物研究所 . 新发现的北魏刺绣 . 文物，1972(2)：54-60.

（四）隋唐五代

　　隋唐五代时期，刺绣的运用已渗透到生活的方方面面。刺绣服饰自不用说，刺绣生活用品应有尽有，出行的马具和乘舆也加以刺绣，刺绣佛像用于祈福，成幅的刺绣用于馈赠，刺绣衣袍用于赏赐，刺绣还用来维系与吐蕃、回纥和突厥等周边民族的关系。隋应设有为皇室、贵族生产刺绣的官营作坊，然尚未见明确记载。唐少府监设有染织署，管理染织刺绣生产事宜，太宗时官职中首次出现了刺绣管理者"绣师"，《旧唐书》中记载的"贵妃院"可能是专为贵妃一人临时设置的机构。唐代刺绣的另外一个来源是民间生产，多以副业的形式存在，妇女是生产的主体。白居易诗中已有"绣妇"一词，"斜凭绣床愁不动，红绡带缓绿鬟低""惊杀东邻绣床女，错将黄晕压檀花"等诗句描述的也是绣妇。从"十三学绣罗衣裳，自怜红袖闻馨香"和"十一把镜学点妆，十二抽针能绣裳"等诗句来看，唐代女性自小研习刺绣，有些十几岁的少女技艺已是非常高超。例如《杜阳杂篇》记"南海贡奇女卢眉娘，年十四……能于一尺绢上绣《法华经》七卷，字之大小不逾粟粒，而点画分明，细于毛发"[1]。从考古发现看，青海都兰[2]、陕西法门寺[3]和敦煌莫高窟[4]都是重要的唐代刺绣出土地，莫高窟和新疆

---

[1]　李昉.太平广记（精选）.南昌：江西美术出版社，2018：64.

[2]　北京大学考古文博学院，青海省文物考古研究所.都兰吐蕃墓.北京：科学出版社，2005：80.

[3]　王㧑.法门寺织物揭层后的保护状况和已揭层部分的初步研究 // 王㧑与纺织考古.香港：艺纱堂 / 服饰工作队，2001：120-122.

[4]　赵丰.敦煌丝绸艺术全集（英藏卷）.上海：东华大学出版社，2007：212-227.

和田 ① 等地还发现了五代的刺绣。从出土的实物来看，虽然传统的锁针仍有使用，但劈针和平针更为多见，莫高窟出土的平针绣不但设色丰富，而且出现了平针中的主要针法——套针和戗针。唐代的"蹙金绣"和"压金彩绣"独具特色，前者用金银线盘出图案然后以钉针固定在绣地上，后者用五彩丝线以平针绣出图案然后以钉针固定金银线勾边，风格华丽。两者在法门寺地宫和莫高窟均有发现（图 4）。刺绣的题材多为写实的花卉纹，佛教题材也依然兴盛。

▲ 图 4　白色绫地彩绣缠枝花鸟纹绣片（局部）
唐代，甘肃敦煌莫高窟出土

---

① 赵丰，伊弟利斯·阿不都热苏勒. 大漠联珠——环塔克拉玛干丝绸之路服饰文化考察报告 . 上海: 东华大学出版社，2007: 35，92，97.

（五）宋辽金元

宋代刺绣广泛应用于宫廷服饰、门帘、幔帐、华盖、车舆、轿子、旗帜和乐器的套袋等，从统治者颁布诏令禁止民间穿刺绣的服饰，尤其是金银线刺绣的服饰来看，刺绣在民间也很普遍。据《东京梦华录》描述，北宋都城汴京除专业的民间刺绣匠师，寺院的尼姑也从事妇功，制作刺绣的服饰出售。在帝王的倡导下北宋绘画空前繁荣，从而促进了欣赏性刺绣的发展，宋代工笔花鸟画对欣赏性刺绣的影响尤其深远。辽金时期，钉金得到了广泛的运用，刺绣上开始出现游牧民族喜爱的野兽、山林等题材。至元代，刺绣的使用已非常普遍，据元杂剧描述，千户的家眷已经是"细挼绒全套绣衣服"，甚至绿林好汉也"绣纳袄千重花艳"。除金银线刺绣外，珍珠绣也是宋元时期重要的刺绣类型。从考古发现看，浙江瑞安慧光塔[①]、苏州虎丘云岩寺[②]、福建福州黄昇墓[③]和江苏金坛周瑀墓[④]等都有出土宋代的绣品，种类丰富，针法的运用也相当娴熟。内蒙古赤峰巴林右旗辽庆州白塔出土了橙色罗地联珠云龙纹绣、红罗地联珠梅竹蜂蝶绣和蓝罗地梅蜂蝶绣等数件精品[⑤]，阿鲁科尔沁旗耶律羽之墓则出土了华丽的蹙金绣和压金彩绣[⑥]。黑龙江阿城金墓有金代刺绣服饰出土，包括使用补绣工艺绣制的腹带和鞋子[⑦]。元代刺绣发现更多，巴蜀元末起义军将领明玉珍墓出土了五件刺绣非常精细的缎地龙

---

① 浙江省博物馆.浙江瑞安北宋慧光塔出土文物.文物，1971(1)：52.
② 苏州文物保管委员会.苏州虎丘云岩寺塔发现文物内容简报.文物，1957(11)：39，41.
③ 福建省博物馆.福州南宋黄昇墓.北京：文物出版社，1982：127-134.
④ 镇江博物馆.江苏金坛南宋周瑀墓发掘简报.文物，1977(7)：23.
⑤ 德新，张汉君，韩仁信.内蒙古巴林右旗庆州白塔发现辽代佛教文物.文物，1994(12)：19.
⑥ 内蒙古文物考古研究所，等.辽耶律羽之墓发掘简报.文物，1996(1)：27-29.
⑦ 赵评春，迟本毅.金代服饰：金齐国王墓出土服饰研究.北京：文物出版社，1998：32-34.

袍①，苏州元末另外一位起义军将领张士诚的母亲曹氏墓出土的衣边上绣有行龙纹②，北京双塔庆寿寺出土了刺绣云龙纹包袱和补花绣僧帽③，河北隆化鸽子洞出土了刺绣的鞋、带和护膝等④，内蒙古集宁路故城窖藏发现的一件精美的刺绣夹衫上竟然用平针、打籽针、戗针和刻鳞针等绣出了仙鹤、凤凰、野兔、鲤鱼、鹭鸶、牡丹、兰花、灵芝、百合和竹叶等九十多个大小不同的图案⑤（图5），山东李裕庵墓出土的刺绣具有比较典型的鲁绣的特点⑥。

▲ 图5　棕色罗花鸟绣夹衫（局部）
元代，内蒙古集宁路故城遗址出土

① 重庆市博物馆 . 明玉珍及其墓葬研究 . 重庆：重庆市地方史资料组，1982：33.
② 苏州市文物保管委员会，苏州博物馆，等 . 苏州吴张士诚母曹氏墓清理简报 . 考古，1965(6)：293-294.
③ 北京市文化局文物调查研究组 . 北京市双塔庆寿寺出土的丝、棉织品及绣花 . 文物，1958(9)：29.
④ 赵丰 . 纺织品考古新发现 . 香港：艺纱堂 / 服饰工作队，2002：132-173.
⑤ 李逸友 . 谈元集宁路遗址出土的丝织品 . 文物，1979（8）：37；潘行荣 . 元集宁路故城出土的窖藏丝织品及其他 . 文物，1979(8)：33-34.
⑥ 王轩 . 李裕庵墓中的几件刺绣衣物 . 文物，1978(4)：20-22.

（六）明清时期

明代刺绣形成了南北两大风格，北方以京城为中心，以宫廷风格的京绣和鲁绣为代表，南方以盛产丝绸、经济富庶的江南为中心，以苏绣和顾绣为代表。宫廷设有"绣作"，征召全国的优秀匠师，为皇室精心制作绣品。从定陵孝靖皇后棺出土的百子图绣衣可见这类绣品的精细程度。南宋以后，江南成为丝绸生产的重镇，苏州的刺绣也蓬勃发展。官吏、士大夫家里有不少女性擅长女红，绣制家庭所需的用品。收藏和鉴赏精妙的刺绣也成为上层社会的风尚。江南的名门闺秀在当时文化的熏陶下，逐渐形成了清丽、雅致的刺绣风格，其中以"顾绣"最具代表性。"顾绣"又被称为"露香园"绣，是以苏绣为基础闺阁绣，源自上海顾氏一家，因而得名。嘉靖年间进士顾名世归隐上海兴建园林时发现一块有元代画家赵孟頫题字"露香池"的石头，因此将园子命名"露香园"。顾名世之子顾汇海的妾室缪氏擅绣人物、佛像，是顾绣的创始者。顾绣传至顾汇海之侄顾寿潜妻韩希孟时最为有名。韩希孟将娴熟的刺绣技艺与绘画笔法巧妙结合，融画理于刺绣，以笔代针，书画结合，有"画绣"之称，她的风格受当时松江著名画家董其昌等云间（松江古称）画派的影响（图6）。除闺阁绣以外，在江苏苏州城内以及郊区木渎、唯亭、陆墓、横塘和蠡野等农村，刺绣作为主要的副业世代相传。清代是我国刺绣艺术的鼎盛时期，品种更加繁多，针法更加多样，分布更加广泛。19世纪中叶，江苏的苏州、常州、扬州，浙江的温州和浦江，湖南宁乡和长沙，湖北汉口，广东广州和潮州，北京等地的民间刺绣有了迅速的发展，出现了许多具有地方特色的刺绣，其中以苏、湘、粤、蜀四地的刺绣最负盛名。许多城市出现了专业的绣坊和刺绣行会，生产逐渐商品化，并出口到日本、南洋和欧美国家。品种除挂屏、座屏等欣赏品外，还有门帘、幔帐、桌帷、床帷、枕套、被面、巾帽、袄裙、鞋面、荷包、扇袋、香囊和手帕等日用品，还有些是姑娘出阁时的嫁妆。绣品上以牡丹、喜鹊和瓜果等寓意吉祥的图案为多，反映了人们对幸福生活的向往。

▲ 图6 韩希孟绣《芙蓉翠鸟图》
明代

（七）近代以来

　　清末至民国年间，我国的刺绣除了承袭传统的工艺外，随着西方艺术的传入还出现了不少刺绣的改革名家。另外，各地女子学堂如南通女红传习所、正则女校和苏州女子职业学校的开设也对我国刺绣的发展起到了良好的促进作用。苏绣名家沈寿在日本考察的过程中学习了西方绘画和摄影艺术中处理光线的方法，并借鉴日本的"美术绣"，对中国传统刺绣加以改进，创造了表现明暗光影效果的"仿真绣"。沈寿是一位杰出的刺绣教育家和艺术理论家。1914年，沈寿创办了中国近代第一所刺绣专门学校——南通女红传习所，共培养了优秀绣工一百六十人左右。沈寿晚年口述，张謇记录的《雪宦绣谱》一书总结了她四十年的刺绣实践经验，是我国第一部系统整理苏绣经验的专著。20世纪20年代，在正则女校任教的刺绣名家杨守玉在我国传统刺绣的基础上，结合西洋画的原理，创造了运针纵横交错、长短不一，具有西方油画效果的"乱针绣"（又称"杨绣"或"正则绣"），成为我国刺绣发展中新的里程碑（图7）。新中国成立以后，在党和政府"保护、发展、提高"和"实用、经济、美观"的方针的指导下，我国的刺绣出现了繁荣的景象，四大名绣的产地仍是我国刺绣的生产中心，北京的京绣、河南的汴绣、温州的瓯绣、武汉的汉绣、山东的鲁绣等也在蓬勃发展。在承袭传统的基础上，刺绣又产生了新的针法和新的绣种。另外，在创作设计、针法研究、人才培养和对外文化交流等方面都取得了瞩目的成就。江苏苏州、湖南长沙、四川成都和广东潮州先后成立了专业的刺绣研究所，创作了一批具有我国特色和时代风貌的新作品。20世纪80年代苏州和长沙还相继成立了中国苏绣博物馆和中国湘绣博物馆。此外，还出版了一批刺绣研究的专著。但是，自20世纪80年代以来，我国的刺绣产业受到商品经济的冲击，生产和销售已大不如前，如何在传统和现代之间，在全球化趋势和保持民族特性之间寻找出路成为我国各大绣种共同面对的问题。进入21世纪，我国掀起了保护传统民间文化的热潮，自2006年国务院公布第一批国家级非物质文化遗产名录以来，已有五十余项刺绣项目进入国家级非物质文化遗产名录，在政府和传承人的努力下我国的刺绣出现复苏的景象。

▲图7　杨守玉绣《少女图》

二 民间刺绣的地域风格

中
国
历
代
丝
绸
艺
术

　　我国的刺绣不仅历史悠久，而且因地域文化的差异而丰富多彩。19世纪中叶以后，我国出现了许多有地方特色的绣种，其中，苏、湘、粤、蜀四地的刺绣最负盛名，并称"四大名绣"，另外还有京绣、鲁绣、瓯绣、汴绣、汉绣、晋绣、秦绣和陇绣等绣种。各大绣种在题材、风格、设色和技法上各有所长。此外，刺绣也普遍流行于少数民族地区，形成了特色鲜明的少数民族绣种。

（一）地方特色绣种

1.苏　绣

　　苏绣是以江苏苏州为中心的刺绣的总称，是我国四大名绣之一。主要包括苏州的平绣和双面绣，常州、丹阳和宝应的乱针绣，南通的仿真绣，扬州的仿古绣和车台的发绣等。宋代，宋廷在苏州设绣局，苏绣已具规模。明清两代，苏绣在图案、针法、色彩和原料等方面已形成独特的风格。近代以来，随着西方文化的传入，苏绣在题材、表现形式、技法等方面进行了探索和创新，"仿真绣"和"乱针绣"为刺绣注入了新鲜的血液，使苏绣的技法和艺术更加完美。苏绣传统的题材为猫和金鱼，以套针为主，常用三四种不同的同类色线或邻近色相配，套绣出晕染自如的色彩效果。苏绣主要的特点可用"平、齐、细、密、匀、顺、光"七个字概括，图案秀丽、色彩典雅、针法丰富、绣工精细、写实性强（图8）。

▲图8　苏绣《瑶台祝寿图》

2. 湘　绣

湘绣是湖南长沙、宁乡及邻近地区刺绣的总称，是我国四大名绣之一。湘绣历史悠久，技艺高超，从长沙战国楚墓和马王堆一号汉墓出土的刺绣可概见；湘绣在宋、明两代得到了进一步发展；至清代，已遍及城乡，成为当地妇女主要的收入来源之一。在漫长的历史中，湘绣形成了质朴、优美的艺术风格，生动写实、设色鲜明、针法多变。现代意义上的湘绣是在湖南民间刺绣的基础上，吸收了苏绣和粤绣的长处发展而来，但有自己的特点。湘绣的擘丝极细，擘后用皂荚仁液蒸煮，不易起毛，极具光泽。湘绣重视绣稿的设计，除刺绣艺人外，还有众多画家参与创作，绣稿较多继承了宋代绘画的写实手法。湘绣传统的题材是狮、虎和松鼠等，以虎最为多见，造型善于借鉴中国画，以鬅毛针绣制虎纹，风格写实、设色鲜明（图9）。

▲图9　湘绣《饮虎图》

3.粤　绣

粤绣是广东地区刺绣的总称，它包括以广州为中心的广绣和以潮州为中心的潮绣两大流派，是我国四大名绣之一。据传粤绣始于黎族，唐代已有刺绣名家，明中后期形成特色。明代，葡萄牙商人购得粤绣，得到宫廷赏赐，粤绣从此成为重要的出口商品。粤绣绣工多为男性，除丝线外，还用孔雀毛捻缕作线，或用马尾缠绒作线，色彩浓郁鲜艳，金银垫绒立体感强，金翠夺目，富丽堂皇。刺绣图案繁缛丰满，热闹欢快，常用百鸟朝凤、海产、瓜果一类的地方特色题材（图10）。

◀图10　粤绣《百鸟朝凤》

4. 蜀 绣

蜀绣主要指以成都为中心的川西平原一带的刺绣，为我国四大名绣之一。记载蜀绣的文字，最早见于西汉扬雄《蜀都赋》①，清代道光时期，成都开始出现刺绣作坊，光绪时期劝工局下还设有刺绣科。蜀绣以龙凤软缎被面最为著名，针法极多，据统计有十二大类，一百二十二种。蜀绣传统的晕针线条顺着物像刺绣，排列整齐，边缘如刀切斧斫，蜀绣常用此法表现物像的质感，体现物像的光、色和形，惟妙惟肖。蜀绣传统的题材有芙蓉、鲤鱼、公鸡和鸡冠花，绣制鲤鱼使用的针法可达三十多种（图 11）。

▲ 图 11　蜀绣《芙蓉锦鲤图》

---

① 扬雄《蜀都赋》句"若挥锦布绣，望芒芒兮无幅"，出自严可均（辑录）.全汉文（卷五十一）.北京：商务印书馆，1999：518.

5.京　绣

京绣又称"宫廷绣"或"宫绣"，是以北京为中心的刺绣的总称。京绣的历史可追溯到唐代，据《契丹国志》记载，当时燕京"锦绣组绮，精绝天下"[①]；明代以后，针法、技艺、用工、用料和图案的特色更加鲜明，至清代特别是光绪时期大为兴盛，名扬海内外。京绣继承了明清两代宫廷刺绣和民间刺绣的优秀传统。一方面，京绣的面料贵重、绣工精致、色彩富丽，反映了宫廷刺绣的影响；另一方面，京绣的图案内容贴近生活，具有民间刺绣的民俗特点（图12）。京绣小件绣品尤其丰富，其用料考究、针法多样、图案活泼、小巧可爱，从一个侧面反映了京绣的高超技艺，并弥补了宫廷绣程式化的不足。

---

① 叶隆礼.契丹国志（卷二十二）.上海：上海古籍出版社，1985：217.

▲ 图 12 京绣五福捧寿纹补子
清代

6. 鲁 绣

鲁绣主要产自山东济南、潍坊和青岛等地。山东的刺绣由来已久，汉代时曾在山东设三服官，《汉书·地理志》称此地"冠带衣履天下"，汉代王充的《论衡》中亦称"齐部世刺绣，恒女无不能"。鲁绣的双丝捻线（称为"衣线"，因此鲁绣又称"衣线绣"）别具特色，绣纹苍劲、风格质朴浑厚、结实耐用。山东邹县李裕庵墓出土的服饰就采用了这种工艺，故宫博物院收藏的《瑶池吉庆图》和《文昌出行图》也是典型的鲁绣作品。此外，济南的发绣和潍坊的绣衣在全国久负盛名。

7. 瓯 绣

浙江温州及邻近地区的刺绣称为"瓯绣"。从宋元时期当地的杂剧看，当时温州已有刺绣的戏服和生活用品。20 世纪 20 年代以后，瓯绣成为出口商品，主要的品类有绣片、挂屏和联屏等。画绣结合是瓯绣的一大特色，在绣品的某些部位略加彩绘，既节省了绣工，又能取得较好的艺术效果。周悦林设计、张仲光等人绣制的《红楼十二金钗图》是瓯绣的代表作。瓯绣名家魏敬先致力于人像刺绣研究，代表作品有《齐白石像》《鲁迅像》和《伊丽莎白像》等，在《齐白石像》上采用了少施针或不施针，露出空白绣地的技法，既简练又传神。

8.汴 绣

河南开封旧称汴京，当地的刺绣因此称为"汴绣"。汴京为北宋的都城，据《宋史·徽宗本纪》记载，宋崇宁三年（1104年）在此置文绣院，说明开封的刺绣在北宋时已具规模和水平，相传相国寺附近的绣巷即是民间绣工的聚集之地。1957年，在此成立了开封汴绣厂，汴绣也得到了进一步的发展。在继承宋绣的基础上汴绣广泛吸收了民间刺绣的针法，多以人物风景见长，色彩搭配明快。以北宋画家张择端的作品为蓝本创作的刺绣《清明上河图》代表了汴绣的精巧技艺并奠定了汴绣以中国著名古画为主题的特点。

9.汉 绣

汉绣主要流行于湖北的荆州、荆门、武汉、洪湖、仙桃和潜江一带。湖北刺绣历史悠久，从江陵马山一号楚墓出土的刺绣可见当地的刺绣在战国时期已经达到了很高的水平。清代咸丰时期，汉口设有织绣局，集中各地绣工绣制官服和饰品。光绪时期，仅汉口万寿宫附近就有刺绣作坊三十多家，绣工两千多人，俗称"绣花街"。1951年，汉口成立了刺绣生产社；1972年，洪湖县绣品总厂成立了汉绣研究室，对江陵出土的战国和汉代绣品进行研究。汉绣以"平金夹绣"为主要表现形式，分层破色、层次分明，对比强烈，追求充实丰满、富丽热闹的气氛。

10. 晋 绣

山西的刺绣又称"晋绣"，尤其以晋南、晋中和忻定等地为多，具有浓郁的地方特色。刺绣在山西民间应用非常广泛，从肚兜、背心、披肩、围嘴、童帽、虎头鞋等服饰至门帘、苫盆巾、床单、被面、枕头、荷包、烟袋等各类生活用品一应俱全。其中荷包可作为定情的信物，苫盆巾是当地传统的婚嫁用品，具有丰富的民俗内涵。刺绣图案多采用民间喜闻乐见的题材，具有浓厚的乡土气息，戏曲故事是晋绣最具特色的题材，与当地百姓喜爱听戏的传统密不可分，当地的妇女从民间演出的戏曲中得到启发，把戏曲场景再现于方寸之间。

11. 秦 绣

陕西的刺绣又称"秦绣"，尤以洛川和千阳两地为代表。绣品种类涉及生活的方方面面，从马甲、裹肚、遮裙带、围嘴和童帽等服饰到枕顶、门帘、手帕、鞋垫和香包等物件，还有布虎和布猪等温馨淳朴、颇具特色的布玩具。陕西的刺绣与当地的民俗紧密相连。妇女从小习绣，每年农历七月初七还有敬祀织女，向她"乞巧"的习俗。除了为自己准备作为陪嫁的绣品，还需准备结婚当日"换情"和"结缘法"①要用的绣品。孩子出生以后，慈母亲手制作的绣品更是有"一爱镇百邪"的作用。陕西的刺绣风格淳朴、色彩艳丽、针法奔放，有鲜明的地方特色。

---

① "换情"指新婚日夫妇双方交换己物，媳妇送给丈夫的通常是亲手绣制的物品。"结缘法"指新媳妇过门之日送给村里前来"认人"的妇人和娃娃的礼物，通常也是自己亲手绣制的小手工艺品。

12. 陇　绣

甘肃的刺绣又称"陇绣"，以庆阳地区最具代表性。绣品种
类丰富，多为实用品，有各类服装，还有鞋垫、耳套、童帽、荷包、
烟袋、枕顶、坐垫、针扎和布老虎等物件，端午节用的香包尤其
有名。香包的造型多样，从简洁的粽子包、心形包到各类蔬菜包、
瓜果包再到各种动物、花草、昆虫和人物造型的香包，可谓千姿
百态。螃蟹是人们喜爱的香包造型之一，据说有辟邪的作用。从
技艺看，除平绣、锁绣和挑花外，陇绣中常用的技艺还有颇具地
方特色的绷花（用单线寥寥数针绣出简练花形的技法）和补花。

（二）少数民族绣种

我国是一个多民族的国家，许多少数民族——满族、苗族、
侗族、水族、藏族、瑶族、黎族、白族、彝族、羌族、土族、蒙古族、
回族和维吾尔族等都有自己独具特色的刺绣。这些种类众多、特
色鲜明的少数民族刺绣和汉族刺绣一起组成了灿烂的中国刺绣艺
术。以下介绍几种比较有特色的少数民族刺绣。

1. 满族刺绣

满族主要分布在东北三省和河北省，以辽宁省为多。满族刺
绣在清代得到了快速的发展，和这一时期满族广泛吸收各族文化
尤其是汉族文化有密切的关系。满族妇女从少女时起学习刺绣，
擅长绣制各种家居用品，其中以枕顶和幔帐套最为常见，爱会绣
制荷包等小件作为礼物或信物送给心上人。从题材来看，除寓意

吉祥的花果、景物和吉语外，还有大量戏曲题材的刺绣作品，反映了戏曲在当地的流行。配色上喜用青、红、黄、白和黑五种基本色。满族刺绣使用的主要技法是平绣。戳纱是一种具有满族特色的重要针法。满族刺绣色彩艳丽、构图细腻，具有朴实的情感和丰富的内涵。

2. 苗族刺绣

苗族支系繁多，广泛分布在贵州、湖南、云南、广西和海南等省（自治区），各个支系的刺绣和图案也存在差异，其中以贵州地区的苗族刺绣最为精彩，色彩艳丽、题材广泛、构图饱满、造型夸张、朴实生动。苗族还以刺绣的方式记载了民族的历史文化、神祇信仰和生产生活情况。苗族刺绣中常见的苗家图腾有蝴蝶妈妈、龙纹和人祖纹。苗族刺绣使用的技法种类丰富，平绣、锁绣、打籽绣、钉线绣、挑花、绉绣、堆绣和破线绣等都很常见，以绉绣（图13）、堆绣和破线绣①最具特色。

3. 侗族刺绣

侗族主要分布在贵州省、湖南省和广西壮族自治区毗邻的地区，包括贵州省黔东南苗族侗族自治州，湖南省新晃侗族自治县、通道侗族自治县、芷江侗族自治县和广西壮族自治区三江侗族自治县等地。侗族刺绣多以点线形成较小的块面，多用淡雅的间色，

① 绉绣是先用八根或十二根丝线手工编织成宽约两毫米的辫带，再由外向内盘出纹样，边盘边用同色丝线将纹样固定在绣地上。堆绣是用各色织物折成小三角形，然后一层叠一层固定在绣地上。破线绣是先将一根丝线擘成若干细线然后刺绣，花纹细腻精致、富有光泽。

▲图 13　苗族双龙戏珠纹刺绣衣袖片（局部）

花纹细密柔和，风格秀丽雅致。图案多是对先民原始的图腾崇拜的传承，常见日、月、星辰、鸟、蛇、葫芦、蜘蛛和龙树等主题，这些图案大多与侗族古老的神话传说有关，体现了侗族人对远古文化的怀念和对未来幸福生活的憧憬。侗族崇尚黑色，因此刺绣多以黑色为地，有些再以白色的马尾线勾边，纹饰突出、装饰性强。

4. 水族马尾绣

水族主要分布在贵州黔南、黔东南和广西西部，曾是古代"百越"的一支。水族人创造了独具特色的马尾绣，将马尾缠绕上白色丝线，加上其他彩色的丝线绣制出复杂精致、有浅浮雕效果的图案。马尾绣的独特技艺和水族人养马、赛马的习俗有关。背扇（水族语"歹结"），即背儿带。妇女们为孩子绣制精美的布满吉祥图案的艳丽背扇，既是母爱的凝结，也是便于妇女劳作之物。背扇集中体现了水族马尾绣的精湛工艺，以缠绕白色丝线的马尾线绣出图案轮廓，用多根彩色丝线填绣轮廓中间部位，并结合平绣、挑花等其他工艺填满。水族人坚信自己是蝴蝶的后代，因此在背扇上常见蝴蝶图案，相信祖先的力量会庇佑子孙（图14）。

5. 土族盘绣

土族主要分布在青海东部的互助土族自治县和民和、大通两县以及甘肃的天祝藏族自治县，盘绣是土族刺绣的一种。青海都兰发现的土族先祖吐谷浑墓葬中就出土了类似的绣品，由此可见土族盘绣历史之悠久。土族盘绣独特的风格体现在三个方面：第一，大量运用锁针，刺绣针脚细腻，绣品经久耐用；第二，色彩

◀图 14　水族蝴蝶蝙蝠纹马尾绣背扇（局部）

瑰丽，以饱和度高的红、黄、绿、蓝、紫、白等色丝线绣出图案；

第三，图案具有浓郁的民族风格，常见法轮、盘长、太极、回纹、

云纹、石榴、佛手、寿桃、牡丹、凤凰和狮子等图案（图15）。

▲图 15　土族团花纹盘绣腰带头（局部）

6.热贡藏族堆绣

热贡艺术始于13世纪，主要分布在青海省黄南藏族自治州同仁县隆务河流域的吴屯、年都乎、郭玛日、尕沙日等村落。堆绣为热贡艺术的一种，内容以佛教本生故事和宗教生活为主。以各种绸缎剪贴缝制而成的唐卡，色彩丰富、立体感强，具有浮雕的效果，头部面积较小，很难堆贴，就由技艺高超的画师以绘画完成，因此还具有画绣结合的特点。热贡堆绣具有浓郁的宗教色彩和鲜明的地域特色。

由此可见，我国的刺绣有着广泛和深厚的群众基础，在许多地方出现了具有鲜明的地域和民族特色的刺绣。然而随着信息时代的到来和绣种之间的频繁交流，绣种及其地域特色正在逐渐弱化，各绣种可以取长补短、相互借鉴和共同发展。

三

民间刺绣的民俗内涵

中国历代丝绸艺术

旧时在我国农村，针黹缝补同烧茶煮饭一样是妇女的主要工作，因此几乎每位妇女都会刺绣。刺绣是妇女的必修课，它伴随妇女的一生。妇女在少女时期便在母辈的教导下学习刺绣，定亲后为自己制作嫁妆，给未婚夫绣制定情物，给未来的公婆、叔嫂等绣制见面礼，新婚时将她的手艺在众人面前展示，接受品评和鉴赏，婚后要用她的巧手让丈夫身上有值得炫耀的饰品、孩子有漂亮的衣服和玩具、老人有美观实用的物件。刺绣手艺的高低是衡量妇女是否能干的标准。

丰富多彩的民间刺绣不仅散布于劳动人民生活日常的各个角落，还对岁时节令和人生中的重要时刻有重要的意义。每逢新生命呱呱坠地，张灯结彩娶亲成家或儿孙满堂同祝天年，一针一线制作的刺绣记录了这个时刻的喜悦，民间刺绣始终与各地的民俗紧密联系在一起。

（一）刺绣与生活日常

民间刺绣散布于劳动人民生活日常的各个角落并渗透到衣食住行的方方面面，总体而言，以衣服配饰和居室寝用两类为多。

1. 衣服配饰

刺绣的衣服和配饰种类非常多样，袄、褂、裙、裤自不用说，还有许多单品和服装上的部件，刺绣配饰别具特色，方寸之间包罗万象，情趣盎然。以下介绍一些特色类型。

肚兜：又称"兜肚""裹肚"，是一种贴身穿的内衣，用来遮护胸、肚部位，以避风寒。多用于孩子，也用于妇女和成年男子。肚兜多为菱形，上有领口（图16），也有其他样式。旧俗农历五月初五要为孩子缝制五毒肚兜或老虎肚兜，以避瘟病、保安康。

云肩：旧时妇女用来加强肩部，突出头部的服饰（图17）。云肩曾是妇女日常的服饰，后来仅在结婚时穿着。以四合如意式为多，此外还有柳叶式、荷花式等，多吉祥主题，做工精致、图案精美。

马甲：又称"背心"，是一种无袖的上衣，多有夹棉以御风寒。孩子用的马甲通常前后都绣有图案。

挽袖：清代妇女衣袖袖口的护袖，为两条细长的装饰片，多以刺绣装饰，图案对称，分别用于左右袖口。

裤腿：清代裤子裤脚的口沿处可更换的裤腿缘边，两片图案通常相同。

马面：百褶裙或侧褶裙正面的长方形装饰片，因形似马面而

◀ 图 16　戏曲故事纹刺绣肚兜

▶ 图 17　龙凤花卉纹刺绣云肩

得名。马面通常另做，可根据需要随时更换（图18）。

遮眉勒：又称"眉勒子"，是旧时妇女佩戴在额头之物，有防风御寒的作用（图19）。多为青黑色，因此又称"乌巾箍"。有的在近耳处加宽，有护耳防寒的作用。清光绪年间妇女流行戴遮眉勒，后来多为老年妇女使用。

暖耳：又称"护耳"、"耳衣"或"耳套"，是戴在耳朵上用于御寒之物。刺绣图案因人而异，老年人佩戴的暖耳多为福寿主题。

遮裙带：妇女系在腰间，用来连接上衣和裙子的装饰品。陕西洛川新娘婚后第二天做饭时要系遮裙带，多为双头虎、双头鱼和双头猪等造型，寓意夫妻恩爱（图20）。

鞋子：旧时女子多穿绣花鞋（图21），有些仅在鞋面绣有图案，也有鞋面、鞋帮甚至鞋底都绣有图案。日常用的绣花鞋一般素雅大方，结婚喜穿喜庆的红缎绣花鞋。

◀ 图18 花鸟纹盘金绣马面裙

▲图 19　鱼戏莲、蝶恋花纹刺绣遮眉勒

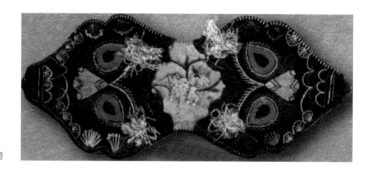

▶图 20　双头猪遮裙带

◀图 21　花卉纹和福寿
纹绣花鞋

鞋垫： 鞋垫舒适、保暖，方便清洁，是日常的实用之物（图22），也可作为馈赠的礼物，龙凤鞋垫送丈夫，福寿鞋垫送老人。女性为男性绣制的鞋垫还可作为定情的信物。

荷包： 随身佩戴的囊袋，根据盛放物品的不同，又分香荷包、烟荷包、钱荷包和针线荷包等（图23）。香荷包放香料，烟荷包放烟草，钱荷包放钱财，针线荷包则放针线。香荷包又有两种：一种将香料掺入填料中，成形后不能取出（多称为"香包"）；一种为扁形小袋，香料可随时装入和取出（多称为"香囊"）。香荷包能使衣物保持芬芳或者驱毒避疫，也可作为馈赠的礼物和男女间定情的信物。图案以龙凤、花鸟、山水和福寿等喜庆题材居多。香荷包男子佩戴于腰间，女子则佩戴在衣襟上。针线荷包是妇女美德的标志，同样可佩戴在衣襟上作为装饰，有些地方甚至是妇女结婚时不可或缺的配饰，也可作为礼物赠给女性亲友。

扇套： 收纳和保护折扇的囊袋，又称"扇袋"或"扇囊"，是明清两代男性身上的重要配饰，常与荷包、眼镜套和火镰套等一起佩戴在腰间。图案多恬静、文雅的题材，例如"高山流水""岁寒三友"和"梅兰竹菊"等。

◀ 图 22 几何花卉和缠枝葡萄纹刺绣鞋垫

a｜b 图 23 各种造型、图案和用途的刺绣荷包

眼镜套：收纳和保护眼镜的囊袋（图 24）。明代宣德年间眼镜传入我国，清初以后逐渐普及，眼镜套因此成为常见之物。眼镜套多为男人使用，图案以"连升三级""福从天降"等祈福、祈福禄题材为多。

帕袋：原为收纳手帕的囊袋（图 25），至晚清时期失去实用意义，不放任何物品，仅作为装饰佩戴在大襟的纽襻上。

钥匙袋：收纳钥匙的囊袋。旧时钥匙以铜质居多，铜氧化后极易污染衣物，因此有钥匙袋。一般为长条形，中部收拢，下部略宽，表面绣以图案，有些上部有顶盖，顶盖中有孔便于穿带。晚清时期，钥匙袋不装钥匙仍佩戴于腰间，成为一种纯粹的装饰。

镜囊：收纳镜子的囊袋（图 26）。旧时认为镜子有驱邪避魔的作用，除了陈列于室内，出行时也会佩戴镜子。镜囊通常有精美的刺绣，有些还搭配坠子和流苏佩戴在腰间。

▶ 图 24　花鸟纹刺绣眼镜套

▼图 26　婴戏纹刺绣镜囊

▲图 25　梅花纹刺绣帕袋

　　兽头帽：动物形状的帽子是我国某些地方传统的童帽式样，有麒麟帽、虎头帽（图27）、狮头帽、狗头帽和猪头帽等。在我国民间传说中，麒麟是送子和纳福的瑞兽，老虎是百兽之王，可以驱除邪魔带来好运。狮子、狗和猪也都有保佑孩子成长、成才的作用。

　　兽形鞋：动物形状的鞋子，主要是童鞋，鞋子的造型根据性别略有不同。男孩有虎头鞋、猪头鞋（图28），女孩有鸳鸯鞋、蝴蝶鞋。

　　布玩具：主要是布制的动物，例如老虎、狮子、猪和狗等。用布做布老虎的身体，内填棉花、荞麦皮或谷糠等物。动物的脸部装饰很重要，或用彩线绣制，或用彩布贴绣（图29）。民间认为布老虎有辟邪的作用，娃娃抱着玩耍能得到保护；狮子、狗和猪也能给孩子添瑞送祥。

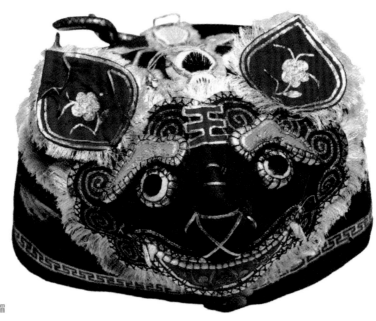

▶图27　虎头帽

◀图28 猪头鞋

▶图29 布老虎

2.居室寝用

居室寝用类绣品也很丰富，除能起
到遮蔽尘土、保护物件等作用外，还能
起到美化居室的作用。以下介绍一些特
色类型。

门帘：指挂在房门上的帘子，起隔
断作用。一般由帘腰和帘片组成，帘腰
和帘片上装饰刺绣，并可悬挂刺绣的小
挂件作为点缀。（图 30）

桌帷：又称"桌帘"，民间供奉先人
的八仙桌正面常用其遮护。桌帷以刺绣
装饰，图案多戏剧人物、八仙和吉祥主
题（图 31）。

镜帘：又称"镜衣"，用于保护镜子。
过去屋内除居住，还要烧水煮饭，怕水
蒸气侵蚀水银因此用镜帘遮盖。另外，
旧时认为镜子为"镇宅"之物，不可亵渎，
因此用镜帘遮盖加以保护（图 32）。

神帐：指民间祭祀或喜庆活动时悬
挂在厅堂上的长条形绣片，图案多为八
仙和福禄寿三星（图 33）。另外，神帐
也可作为礼物送给寺庙挂在房檐下。

▲ 图 30　戏曲故事纹刺绣门帘

▲ 图 31　福禄寿三星刺绣桌帷

▲ 图 32　娃娃骑蟾纹刺绣镜帘

▲ 图 33　九皇盛会刺绣神帐（局部）

枕顶： 旧时许多地方使用长方形的布枕，枕头两端的堵头称为"枕顶"，常以刺绣装饰（图34）。枕顶是满族姑娘出嫁时的重要嫁妆［详见下文"（三）刺绣和人生礼仪"中"婚礼"一节］。

床帐： 床上挂的帐子也常以刺绣装饰，帐檐是装饰的重点，带状帐飘作为点缀。有些地方的姑娘婚前须为自己绣制喜帐，采用喜庆的颜色，图案多寓意夫妻恩爱、早生贵子。（图35）

常见的居室寝用类绣品还有被面、床单、椅披和椅垫等实用品和挂屏、座屏、绣画和楹联等装饰品，此外，宗教刺绣也是一个重要的类别，包括幔帐、宝盖、长幡、经幢、神袍和桌帷等。

丰富多彩的民间刺绣除了装点劳动人民的生活，还有传情达意的重要功能。刺绣的荷包、裹肚、鞋垫、鞋子、手帕和香囊等都能作为恋爱中的男女表达情意的物品，少数民族地区至今还流传着以绣荷包、绣球等传达情意的风俗。为孩子绣制的肚兜、马甲和小帽子等传达了对孩子健康成长的关爱，送给老人的暖耳、烟荷包和扎裤口用的腿带则传达了对老人的尊敬和祝福。在一些岁时节令和人生中重要的时刻，刺绣的这种传情达意功能就更为显著了。

◀ 图 34　花卉纹刺绣枕顶

▲ 图 35　人物故事纹刺绣帐檐（局部）

（二）刺绣与岁时节令

1. 春 节

春节是一年开始、万象更新的节日。在我国民间，通常以美丽的刺绣装饰房屋厅堂，以此增添节日的气氛和表达对新年的美好期盼。春节用来装饰室内的绣品有绣帐、绣帷和绣垫等，图案除八仙、福禄寿三星等常见题材外还有表现新年气象的主题。在我国民间还有新年穿新衣的习俗，孩子是装扮的重点，要给孩子换上新做的衣裳，戴上新帽子，穿上新鞋子，全身上下焕然一新。我国陕西和山西一带春节来临之际要给孩子戴上猪头帽，穿上猪儿鞋，希望小孩子像猪一样易养肯长。山西北部有除夕时在孩子肩上挂上一串串寓意吉利的小荷包的习俗。北方某些地区还有春节换上新做的袖套、暖耳等习俗。有些地方春节还会互赠寓意吉祥的荷包，如"福在眼前""福从天降"和"满堂富贵"等，祝愿家族兴旺、事业昌盛。

2. 端 午

我国民间称农历五月为"恶五月"，毒虫活跃、瘟病易起，因此端午节有挂艾蒿、饮雄黄酒、熏虫、晾晒和清扫等系列节令活动，以迎接夏季的到来。我国许多地方有端午节佩戴香包保平安的习俗，通常将香包制作成各种动物的造型，内装中草药，配上挂坠、缨穗等装饰，据说香包的香味可以驱逐蛇虫，辟除疫病。十二生肖、五毒和老虎为常见的造型。生肖本身就有庇佑意义，人人都受一个生肖的庇护。五毒是蝎子、蟾蜍、蜈蚣、壁虎和蜘蛛等五种动物，其组合在不同时期和不同地区各有不同，也有保安康的寓意。陕西部分地区在端午节这一天，外婆要给外孙送去辟邪的五毒背心、五毒帽、五毒荷包和五毒玩具，即是借五毒之力保孩子平安健康。有些荷包做成老虎的造型，内填艾叶，也是保佑孩子平安健康。老虎还常和五毒组合，组成"虎镇五毒"的图案。我国农村有些地方至今还保留着端午节挂艾虎、穿五毒肚兜、戴五毒荷包的习俗。（图36）

▲图36　五毒螃蟹刺绣荷包

3. 七 夕

农历七月初七，是我国传说中牛郎和织女鹊桥相会的日子，在我国民间也是女性敬拜织女向她"乞巧"的节日。《西京杂记》中记载："汉彩女常以七月七日穿七孔针于开襟楼，俱以习之。"[①]可见乞巧习俗由来已久。陕西部分地区有敬祀"巧姑"的风俗，具体的方式也大同小异，供献给"巧姑"的除香烛、果品外，有的地方用豆苗，有的地方用青葱或麦芽，有的地方用黄花菜，秦岭山区还用七枚绣花针穿五彩丝线插于瓜上。"巧姑"各地又有不同的称谓，例如"巧姑姑""巧娘娘"等，除了用草扎外，还有用木牌位的。参加活动的主要是女孩们，有时范围扩大到少妇们，所以有些地方又把这一天称为"女儿节"。有些地方的女孩们则有七夕节聚在一起绣荷包的习俗，刺绣的图案大多和女孩们的心事有关，她们都企盼有一天能将这荷包赠给自己的意中人。

[①] 刘歆. 西京杂记校注. 刘克任，校注. 上海：上海古籍出版社，1991：26.

（三）刺绣与人生礼仪

人生礼仪是民俗的一项重要内容，从呱呱坠地到婚姻嫁娶到福寿年高再到寿终正寝，这些都是人一生中的重要时刻。民间非常重视这些具有重要意义的时刻，并会举行一定的礼仪活动加以庆贺，而刺绣是这些活动中不可或缺之物。

1. 诞生礼

包括孩子的满月、百天和周岁等。孩子的诞生，意味着家族的香火得以延续，是家中的大事，因此要举办诞生礼邀请亲友们一起庆祝。诞生礼和刺绣关系密切。当孩子还在腹中时，孩子的母亲和外婆、姨娘等女性亲属就已经给即将降生的孩子制作衣服、鞋帽、枕头和被褥等，刺绣的图案表达了她们对孩子健康成长和长大成才的美好祝愿。孩子满月、百天或周岁时，亲友们要前来祝贺，祝贺的礼物里有许多绣品，如枕头、涎水围、帽子、肚兜、马甲和布玩具等（图37），这些绣品有时摆在喜桌上供人评论品鉴。送给男孩的绣的多是"麒麟送子""鱼跃龙门""状元及第"和石榴、葡萄等，寓意成才多子；送给女孩的绣的多是"丹凤朝阳""连生贵子""娃娃坐莲"以及荷花、牡丹等，寓意子孙延绵。虎是孩子的保护神，我国许多地方有孩子出生后舅舅送来一只外婆亲手绣制的虎枕的习俗，希望能保佑孩子顺利成长，除虎枕外，送给孩子的还有虎头帽、虎头鞋、虎纹肚兜和布老虎等，一般由孩子母亲娘家的女性亲属制作。虎头帽既能防风御寒保护娃娃的天灵盖不受伤害，还能驱邪御魔，保佑孩子平安。在孩子出生后，年满周岁前，甘肃等地的外婆会向左邻右舍、亲戚好友讨来各种小布片（称为"百家布"）制作孩子的衣物，并绣以龙、凤、虎、狮和麒麟等图案，待孩子满周岁时再赠送给外孙[1]。百家布制作的衣物寄托了外婆的深厚用心，意味着孩子将在百家人的爱护和祝福下健康成长。另外，有些地方孩子十二岁要举办类似成人礼的仪式，宣告童年的结束。陕西地区将这一仪式称为"完灯"，意思是孩子满十二岁就不再玩灯笼，舅舅也不再送灯。这一天亲友们要准备白面花馍作礼品，还要赠送绣有"封侯挂印"图案的衣服和饰品[2]。

▲图 37　花卉动物纹刺绣涎水围

① 王光普，王晓玲. 人类童年时代吉祥物：刺绣与荷包. 兰州：甘肃人民美术出版社，2002：25.
② 钟茂兰. 民间染织美术. 北京：中国纺织出版社，2002：238.

2. 婚 礼

婚礼是人生中最大的礼仪之一。旧时在我国的许多地方，女性从十几岁甚至更早开始就要跟随母亲、姑嫂精心学习刺绣的技艺。巧手是女性提高自身价值和引人爱慕的重要条件。姑娘长大后为情人绣制表达情意的信物，如荷包、裹肚和鞋垫等，针针线线都是悠长真挚的情思。

女性婚前要花费很多精力制作各种民俗规定的嫁妆，包括被面、门帘、帐围、枕顶、衣裙和鞋帽等等，无异于应对出阁的考试。待到出嫁之日，新娘自是绣物裹身，花团锦簇：头上盖着绣花的盖头，身上穿着精美的云肩、绣衣和绣裙，脚上穿着喜庆的红缎绣花鞋。云肩是嫁衣的重要组成部分，宣告平民女子在结婚的这天可以享受和娘娘一样的荣耀。关中习俗中，新娘除了要为自己制作上轿鞋外，还要为丈夫准备一双大鞋和一双代表自己的小鞋，并将小鞋套在大鞋里，寓意"同偕（鞋）到老"[1]。新娘被迎至婆家当日，乡亲们会争相观赏新娘的嫁妆，以此衡量新娘娘家家境，评论新娘的手艺。满族姑娘出嫁前要绣制十几对甚至几十对枕顶，送嫁妆时娘家将这些枕顶绷在称为"枕头帘子"的苫布上，再穿在木杆上，如打着彩色的旗帜一样，走在送嫁妆队伍的最前面，以此展示新娘的手艺，嫁妆送到男方家以后枕头帘子要挂在最显眼的地方，装饰洞房的同时，也被人鉴赏品评[2]。蒙古族新人在进洞房前要举行颂荷包的仪式，新娘要拿出亲手绣制的荷包，

---

① 王宁宇，杨庚绪.母亲的花儿：陕西乡俗刺绣艺术的历史追寻.西安：三秦出版社，2002：61.
② 李友友，张静娟.刺绣之旅.北京：中国旅游出版社，2007：133.

新郎的颂词人则手拿荷包站在门前高唱颂词，颂词的内容是对荷包的评论和赞赏，唱毕把荷包抛向空中任人争抢，由此将婚礼推向高潮[①]。按照习俗新娘通常要为丈夫准备礼物，一般是刺绣的荷包、裹肚和鞋子等。此外，新娘还要按辈分、性别为公婆、姑叔等男亲和女眷绣制各种见面礼。在黄土高原地区还有这样一个习俗，新娘到婆家下轿后，小姑要端水让新嫂嫂洗脸，新娘则要送给小姑一个针插，意思是祝愿小姑心灵手巧，针线活出众。有些地方新娘还要送一些绣品给前来帮忙的人。新娘通过这种方式来获得他人的承认和认可。婚礼用刺绣多采用"龙凤呈祥""鱼戏莲""蝶恋花"和"娃娃坐莲"等寓意婚姻美满、家庭幸福或祈望家族人丁兴旺、子孙延绵的题材，也有有教化意义的诗文和戏剧故事。

以下介绍两种有代表性的婚礼用刺绣用品。

苦盆巾：旧时山西有些地方姑娘出嫁时娘家要陪送洗面的铜盆和绣花鞋，取其谐音"同偕到老"。铜盆上要覆盖一块方巾，称为"苦盆巾"（图38）。苦盆巾多是新娘亲手绣制，新娘将精美的苦盆巾带到夫家，除实用之外，还有装饰新房的作用。苦盆巾还有一个作用，就是等有了孩子以后将苦盆巾的边角修改一下，钉上两根带子，便成了孩子的肚兜。

幔帐套：幔帐套是满族人用来收拢卧室幔帐的用品，作用如同帐钩。幔帐套有两个绣片，周围用手织花带镶边，黑色绸缎或黑丝绒将两片连接，旁边和下面钉丝带或缀丝穗，丝带将收拢好

---

① 耿默，段改芳.民间荷包.北京：中国轻工业出版社，2008：12.

的幔帐系在套中,起绳扣的作用(图39)。旧时满族人的卧室里三面筑火炕,南北炕为大炕,西炕为窄炕。西炕墙上供奉着祖宗板,所以不作他用,人也不能在此坐卧。家中老人用北炕,小辈用南炕。睡觉时,把收拢的幔帐放下,形成各自休息的空间。幔帐套和枕顶一样是满族姑娘重要的嫁妆,她们出嫁前要精心绣制多幅。

▲ 图 38 戏曲故事纹刺绣苫盆巾

▲ 图 39 戏曲故事纹刺绣幔帐套

3.寿 礼

过去生存条件恶劣,人的寿命普遍不高,因此有"人生七十古来稀"的说法,也因此在我国民间形成了人到六十岁以后要以祝寿的形式为老人庆生的风俗。老人寿辰之日,晚辈会为其举办寿宴,邀请亲朋好友一同祝寿。送给老人的寿礼中也不乏绣品,一般由老人的女儿或媳妇等准备,图案多寓意老人健康长寿和多子多福,蝙蝠、仙鹤、梅花鹿、喜鹊、松树、寿桃、石榴、佛手以及"福"字和"寿"字等都是常见的图案。寿帐是常见的寿礼,有的绣有八仙庆寿(图40)、有的绣有福禄寿三星,有的绣有松鹤,还有的绣有"福如东海水,寿比南山松"之类的吉语。另外还有专门绣有"福"字和"寿"字的大型绣片。祝寿的枕顶多以"灵猴献寿""麻姑献寿"和"松鹤延年"等为主题。老人过寿穿的衣服也很讲究,为老年女性准备的祝寿披肩多以牡丹、祥云为图案,衣裙上也绣有祝愿福寿安康、孙贤子孝的图案;为老年男性祝寿的鞋子和荷包也多绣有"福"字和"寿"字。

▲图40 八仙庆寿纹刺绣寿帐(局部)

4.丧 礼

丧葬礼仪是最后一个人生礼仪，表示一个人走完了一生，社会向他（她）做最后的告别，缅怀其生前的功德，表达对死者的悼念，通常伴有超度的仪式，祝愿死者的灵魂能得到安息。我国过去的丧葬方式主要是土葬，死者逝世后要换上冥衣，枕上冥枕，甚至还要盖上死者专用的小被子，然后入殓下葬。在死者的衣服、枕头和被子上常饰以刺绣，表达对死者的美好祝愿，希望死者能早登仙界或在另外一个世界幸福生活。冥枕常做成莲花或元宝形，莲花枕祝愿老人进入莲花盛开的西方极乐世界，元宝枕则祝愿死者带着钱财吃穿不愁地去阴间（图41）。

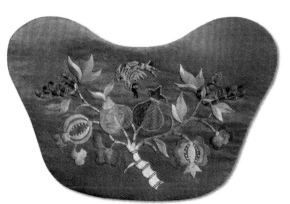

▲图41　元宝形刺绣冥枕

中　国　历　代　丝　绸　艺　术

　　民间刺绣的图案多以求生、趋利和避害为主题，表达了劳动人民驱灾辟邪、追求幸福吉祥的朴实愿望，即所谓的"图必有意、意必吉祥"。这些朴实的、喜闻乐见的图案正是中华民族民族情感和民族精神的体现。民间刺绣常见的图案大致可以分为祈福纳吉、神祇图腾和戏曲故事三种类型。

（一）祈福纳吉

民间刺绣的图案，多以追求幸福美好的生活为主题，其题材多来源于民间传说人物，以及人们日常生活中喜闻乐见的事物，如人物、山水、动物和花卉等。这些元素经夸张、概括后形成特殊的装饰语言。因此，民间刺绣的图案一般都有强烈的象征意义，常用谐音的方式将一组画面表达出吉祥的寓意，表达人们对美好生活的向往。吉祥寓意是民间刺绣图案的一种特别形式，有民俗的特点。祈福纳吉的内容包罗万象，涵盖了民间百姓所有的美好愿望。福气是抽象的理想，婚姻美满、子嗣延绵、健康长寿和功名利禄等则是具体、实在的诉求。

1. 婚姻美满

民间刺绣由广大妇女制作而成，美满的婚姻是每个妇女的夙愿。这些妇女一般从十几岁甚至更早开始就跟随家人学习刺绣技艺，为自己亲手绣制嫁妆是她们人生中重要的一课。因此，婚姻美满是民间刺绣中久盛不衰的主题。刺绣图案常以花卉和动物结合的形式来表达对美好的爱情和婚姻的憧憬，例如"蝶恋花""鱼戏莲""鸳鸯戏荷""鹭鸶戏莲"和"凤穿牡丹"等，这类图案多以动物喻男性，植物喻女性，寓意夫妻和谐、幸福美满。一些在我国传统文化里寓意夫妻和谐的图案，例如"龙凤呈祥""比翼鸟"和"并蒂莲"等也很常见。另外，许多以戏曲故事为主题的民间刺绣也反映了女性对爱情和美好姻缘的向往［详见下文"（三）戏曲故事"］。

该对绣品（图42）的图案相同，均包含一条带状图案和一个三角形图案，带状部分见缠枝牡丹和蝙蝠，三角部分有牡丹和蝴蝶，结构对称、构图饱满。图案用红、绿、蓝和黄等色绣线主要以平针绣出，色彩艳丽。这种花卉和蝴蝶组成的图案称为"蝶恋花"，寓意爱情和婚姻美满幸福。牡丹在我国的传统文化里有富贵的寓意，蝙蝠则取其谐音"福"，寓意幸福。

▲ 图 42　蝶恋花纹刺绣裤腿

▲ 图 43　蝶恋花纹刺绣挽袖

该对绣品（图43）以蓝色为地，上用浅紫、粉红、白色、米色、浅蓝、草绿、鹅黄等色绣线主要以平针绣出图案，刺绣平整，绣工精致。两片挽袖图案相同，上各有荷花一株，开荷花两朵，一为粉色，一为蓝色，一上一下相映成趣，荷花和枝叶的形态婀娜生动。粉色荷花和枝头上憩有两只蝴蝶，另有一只在蓝色荷花上飞舞。蝴蝶和荷花的组合也寓意爱情和婚姻美满，此外荷花在我国的传统文化里还有高洁的寓意。

◀图44 蝶恋花纹刺绣扇袋

该件绣品（图44）上宽下窄呈T形，由一个如意形黑色袋头和一个长条形蓝色袋身组成，并配有一条黄色细带。袋头和袋身均有精美纹饰，袋头以黑色为地，用蓝、红、黄、绿和米白色绣线以平针绣出如意云纹和抽象的花卉纹；袋身以蓝色为地，上以橘红、粉红、纯白、深蓝、墨绿和草绿等色绣线主要以挽针绣出缠枝花和蝴蝶的图案，色彩淡雅，绣工精致。

该件绣品（图45）以蓝色为地，上用深褐、浅褐、棕黄、深红、浅红和棕绿等色绣线以平针（莲花和鱼头等部位）、打籽针（莲枝两侧）和铺绒法（鱼身）绣出鱼戏莲纹。莲枝绵延，上可见莲花、荷叶和莲蓬，鱼体态活泼，同时可见两侧鱼眼，颇有意趣。在我国传统文化中，莲花和鱼的组合也寓意爱情和婚姻美满，此外莲蓬也有多子的寓意，"莲"和"连"谐音，"鱼"和"余"谐音，因此该图案还有"连年有余"的寓意。

▲图45 鱼戏莲纹刺绣枕顶

该对绣品（图46）图案相同，均以白色为地，上用蓝绿、黑、粉红、大红、黄、白和蓝紫等色绣线以平针绣出莲株和金鱼的图案。莲株由莲枝、莲花、莲叶和莲蓬组成，金鱼游动其间，体态生动，鱼眼和鱼嘴选用醒目的粉红和大红色，可见绣者的用心。莲花和鱼的组合寓意爱情和婚姻美满，此外，"金鱼"谐音"金玉"，因此该图案还有"金玉满堂"的美好寓意。

▲ 图46　鱼戏莲纹刺绣暖耳

　　该件绣品（图47）主体部分以白色为地，上以墨绿、草绿、大红、粉红、粉白、蓝、橙黄等色绣线绣出一幅池塘小景，上可见轻波漾起的水面，上有莲丛，可见莲花、荷叶、蓓蕾和莲枝，似乎还杂有芦苇，莲下有一只惬意畅游的鸳鸯。这种由莲花和鸳鸯组成的图案称为"鸳鸯戏莲"，同样寓意婚姻美满、夫妻恩爱。

　　该件绣品（图48）以白色为地，上用黄、粉红、粉白、深棕、浅棕等色绣线主要以平针绣出荷花、荷叶和荷藕纹。相传明朝大学士李贤想招神童程敏政为婿，请程敏政到家中吃饭，李贤指着桌上的藕片问："因荷（合）而得藕（偶）"，程敏政对曰："有杏（幸）不须梅（媒）"，如此成就了一段佳缘。此荷包以荷藕纹为主题，寓意喜结连埋。

▲图47　鸳鸯戏莲纹刺绣挂件　　　　　　▲图48　因合得偶纹刺绣枕顶

　　该件绣品（图49）呈方形，主体部分以红色为地，上用蓝、绿、白、黑和黄褐等色绣线以打籽针和钉针绣出一龙一凤的图案。龙凤采用"喜相逢"的样式，龙身矫健，凤体秀美，龙凤相望，气氛祥和。相传春秋时期，秦穆公的女儿弄玉喜爱吹笙，青年萧史则擅长吹箫，两人通过笙箫合奏而结缘，婚后萧史教弄玉用箫学凤鸣，弄玉教萧史用笙学龙音，多年后引来了龙凤，最终弄玉乘上彩凤，萧史跨上金龙，双双升空离去。后来人们为纪念弄玉和萧史的故事，就用"龙凤呈祥"来形容夫妻比翼双飞和恩爱相随。此外，人们还用"乘龙快婿"指称佳婿。

▲图49　龙凤呈祥纹刺绣荷包

　　该对绣品（图50）以红色为地，上用深蓝、浅蓝、墨绿、淡绿、鹅黄、米白、深棕和浅棕等色绣线主要以平针绣出萧史乘龙和弄玉跨凤的图案。弄玉头戴额子[1]，上插翎子[2]，身穿淡绿色云肩和深蓝色裙子，萧史头部插翎子，身穿棕色衫子，两人均手持旌幡。

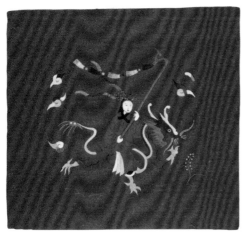 

▲ 图50　萧史乘龙、弄玉跨凤纹刺绣枕顶

---

① 戏曲演出时武将所戴半圆形盔。
② 即稚尾，戏曲用品，成对插于盔头两侧。一般为武将、俊美英气的武生和花旦使用。

　　该件绣品（图51）以白色为地，上用橘红、粉红、粉白、白、黄、棕、深蓝、浅蓝、墨绿、草绿等色绣线以套针、戗针和网针等绣出牡丹和凤凰的图案。牡丹雍容华贵，凤凰顾盼生姿。在我国传统文化里，凤凰和牡丹组合的图案称为"凤戏牡丹"或"凤穿牡丹"，以凤凰喻男性，以牡丹喻女性①，寓意爱情和婚姻美满，夫妻琴瑟和谐。

▲ 图51　凤戏牡丹纹绣片

―――――――――――――

①　"龙凤呈祥"纹样以龙喻男性，以凤喻女性，和此处凤纹的寓意不同。

2. 子嗣延绵

生殖和繁衍是人类生存之根本，也是人类创作永恒的主题。从原始社会我们的祖先视生殖繁衍为如同风雨雷电一般不可思议的事物进而创作出寓意生殖崇拜的图腾到现在仍然流传在广大农村的各种民间艺术形式，都可见人类强烈的生存意识。我国自古以来自给自足的农耕经济决定了劳动人民家庭的富足与否很大程度上取决于家庭劳动力的多寡，这种情况更加强了人们对人丁兴旺、子孙延绵的渴望。另外，刺绣作为一门女红艺术，求子也是每一位女性真切的企盼。此类主题常采用多子的植物如莲蓬、石榴、葡萄等与童子或动物组成"瓜瓞绵绵""莲生贵子""娃娃坐莲""榴开百子"和"松鼠葡萄"等图案来表达对子嗣延绵的追求。另外，受民间传说的影响，"麒麟送子""天仙送子"等求子题材在民间绣品上也很常见。

该件绣品（图 52）以白色为地，上用深蓝、浅蓝、草绿、蓝绿、橘红、浅橙、白色等的丝线和金线以戗针和钉针等绣出两个巨大的石榴，上方有颜色艳丽的石榴花，石榴之上，花枝之间有一童子，梳丫髻，上着绿袄，下着红裤，活泼可爱。石榴裂开，可见多籽。在我国民间文化里，石榴本就是多子的象征，此处与童子组合，图案寓意"榴开百子"。

该件绣品（图 53）以白色为地，上用不同深浅的红色、绿色、黄色和蓝色绣线主要以平针绣出花卉、瓜果、藤蔓和蝴蝶的图案。"瓜瓞绵绵"一词出自《诗经·大雅·绵》："绵绵瓜瓞，民之初生，自土沮漆。""蝶"谐音"瓞"，瓞即小瓜，瓜始生时虽小，但其蔓不绝，会逐渐长大，绵延滋生。因此，在我国民间文化里用瓜果和蝴蝶组成"瓜瓞绵绵"的图案，寓意子孙昌盛、兴旺发达。

▶图52 榴开百子纹刺绣苫盆巾

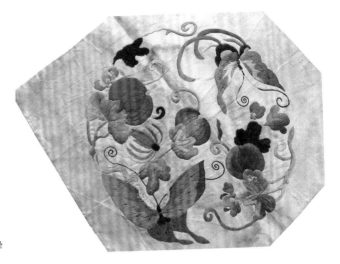

▶图53 瓜瓞绵绵纹刺绣靠垫

　　该件绣品（图54）以红色为地，上用红色、黑色、绿色、蓝色和黄色绣线主要以平针绣出松鼠吃葡萄的图案。葡萄枝蔓延绵，果实累累，上可见数串成熟的葡萄，其中一根枝蔓上有一只毛茸茸的长尾小松鼠，正津津有味地享用这甘甜多汁的葡萄。葡萄本多子，鼠在十二生肖里对应地支"子"位，故有"鼠为子神"之说，子神和葡萄相结合，强化了繁衍的能力，因此在我国民间美术中有"松鼠葡萄"这一吉祥图案，寓意多子多孙。

　　该件绣品（图55）以蓝色为地，上用绿色、蓝色、橘色、米白、米黄和不同深浅的红色等的绣线主要以平针和钉针绣出池塘景致：底下是轻波荡漾的水面，波浪间可见水草，中间生一莲株，上开一朵硕大的莲花，莲花中坐一童子，童子梳冲天辫，穿淡绿色衫子外罩橘色对襟马甲，一手持莲枝，一手持莲蓬，下部左右各有一鹭鸶，曲颈长足，头顶莲枝，上部左右莲枝花叶间各有一只舞动的蝴蝶。该件绣品的图案具有丰富的民俗含义。"莲"谐音"连"，因此童子端坐于莲花中称为"莲（连）生贵子"，寓意多子；"鹭"谐音"路"，因此鹭鸶和莲花的组合称为"鹭鸶（路路）莲（连）科"，寓意仕途顺利；蝴蝶和莲花的组合寓意爱情和婚姻的美满（"蝶恋花"）。"莲（连）生贵子"与佛教故事颇有渊源，莲花化生童子的图案在我国有悠久的历史，北魏有莲花化生瓦当，唐代以后逐渐演变成童子持莲或攀枝的图案，成为民间工艺美术常见的题材。

◀图 54　松鼠葡萄纹刺绣枕顶

▶图 55　莲生贵子纹刺绣背心

　　该件绣品（图 56）以大红色为地，用鹅黄、黑、淡红、草绿和酱紫等色绣线主要以平针绣出萱草的图案，色彩雅致，绣面平整。萱草通常夏秋之际开花，花呈漏斗形，花瓣反卷，有花蕊伸出。萱草又称"忘忧草"和"宜男草"等，民间旧传孕妇佩戴此草可生男孩，萱草纹是明清时期常见的图案，在瓷器上除单独作为主题纹样外，还常与寿石组合寓意"宜男多寿"，与牡丹组合寓意"宜男富贵"，与石榴组合寓意"宜男多子"[1]。

▲图56　萱草纹绣片

① 许绍银，许可. 中国陶瓷辞典. 北京：中国文史出版社，2013：357.

　　该件绣品（图57）以米色为地，用大红、粉红、橘红、紫红、草绿、浅蓝和褐色等的绣线和金线主要以平针和钉针绣出麒麟送子纹。绣片底端见花草，上面是一只行走的麒麟，麒麟背上坐一童子，头戴小冠，身着圆领红袍，手持梅枝，童子身后飞来一只蝙蝠，寓意"蝠（福）从天降"，童子上面是五彩祥云。麒麟是我国传说中的神兽，古人称为仁兽，民间以为求拜麒麟可生育得子。

▲ 图57　麒麟送子纹绣片

　　该件绣品（图58）以白色为地，上用不同深浅的蓝色、绿色和红色绣线和金线主要以平针和钉针绣出麒麟吐书纹。据《拾遗记》记载，孔子出生之时有麒麟吐书于孔子故里，民间亦传说孔子出生时有麒麟来到孔子家的庭院，口吐玉书，孔母用绣线系在麟角上，不久孔子就降生了，孔子精读麒麟吐出的玉书，于是成为圣贤之人。麒麟吐书图案寓意天降祥瑞、家出圣贤。麒麟吐书的故事也成为麒麟送子图案的来源。

　　该件绣品（图59）以黑色为地，上用橘黄、深蓝、浅蓝、白色、草绿、墨绿、浅绿和粉色等的绣线主要以平针绣出艾虎和五毒的图案。艾虎居中，口衔艾枝，身形矫健，前额有"王"字，身有虎斑，尾巴上扬，前爪摁住一条小蛇，艾虎周围有蝎子、蟾蜍、蜈蚣、壁虎和蜘蛛等动物。在我国民间文化里，艾虎有辟邪除秽的作用，以五毒为饰亦有辟邪和保平安的寓意，因此，在小孩帽子、肚兜等物件上经常能看到五毒纹，以此祝愿孩子能逢凶化吉、健康成长。

▲ 图58　麒麟吐书纹刺绣枕顶

▲ 图59　艾虎五毒纹刺绣肚兜

3. 健康长寿

健康是人之根本，人对长寿的追求也始终不渝，在我国的传统文化里，寿与福密切相关，健康长寿就是人最大的福分。民间神话故事里的神仙都长生不老，因此寿星、八仙、麻姑都成为主寿的神祇，人们对他们崇拜有加，民间绣品上因此出现了八仙祝寿和麻姑献寿等题材〔与道教人物有关的图案将在下文"（二）神祇图腾"中"宗教人物"一节介绍，兹不赘述〕。此外，王母娘娘的仙桃、长青的松柏、灵芝和仙鹤等都有长寿的寓意，因而也成为绣品上屡见不鲜的祈寿图案。另外，"耄耋"一词在我国的传统文化里意指八九十岁的长寿老人，因此，人们在绣品上绣制了和"耄耋"谐音的猫和蝶，表达对健康长寿的祝愿。

该件绣品（图60）以白色为地，用不同深浅的绿色、紫红色和橘红色绣线主要以平针绣出菊花和太湖石的图案。绣品右下角为两块造型奇异的太湖石，上丛生菊株，菊枝上开有一大一小两朵菊花，大的位于根部，小的位于枝末，并有花苞数个、菊叶数片，太湖石后另有树枝一根，枝茎弯曲，树叶摇曳，和前面的太湖石和菊花形成一虚一实、一动一静的映衬。菊花开在深秋九月，作为傲霜之花，菊花有高洁的寓意；另外，"九"与"久"谐音，因此菊花还有长寿的寓意。旧时民间有重阳节饮菊花酒的习俗，寓意健康长寿，古人也把菊花酒称为"不老方"。该件绣品将菊花和象征坚实长久的太湖石组合成为一幅祝寿图。

该件绣品（图61）以深红色为地，上用绿色、橘红、粉红、白色、棕色和黑色等的绣线主要以平针绣出仙鹤和松树的图案。绣品右侧有一棵松树，枝叶茂盛，松树下有鹤两只，一只为白色，

◀图 60　菊石延寿纹刺绣枕顶

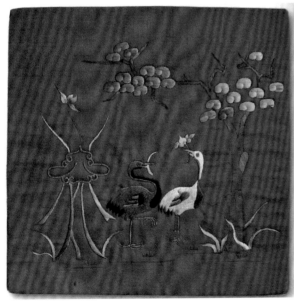

◀图 61　松鹤延年纹刺绣枕顶

颈足俱长，鹤顶红艳，脖子、胸前及尾羽为黑色，口衔花枝（也可能是桃枝），回首仰望后方；另一只为棕色，局部为黑色，口衔瑞草，单足站立。鹤的两侧还有花草等图案。在我国的传统文化里，松为百木之长，经冬不凋、长青不朽，因此松树被用来祝寿，寓意长生。《诗经·小雅·斯干》中有"秩秩斯干，幽幽南山。如竹苞矣，如松茂矣"的诗句，后来松树的这种象征意义被道教所接受，在道教神话中，松是不死的象征，服食松叶、松根便能飞升成仙、长生不死。鹤的寿命一般在五六十年，是长寿的禽类。鹤也被道家视为神鸟，在鹤前加仙，谓之仙鹤，得道之士骑鹤往返，修道之士以鹤为伴，还有传说故事称有人得道羽化成鹤仙。因此，在我国民间经常能看到松树和仙鹤组合的图案，寓意长寿。另外，松树傲霜斗雪、卓然不群，也有高洁之意。

该件绣品（图62）以红色为地，用棕色、褐色、粉色、紫色、白色和不同深浅的蓝色绣线以平针、松针和网针绣出山林景象。绣品左侧有山石，石上长杂草，右侧有一棵松树，松树枝干遒劲，枝繁叶茂，松树下有一只休憩的猴子，手捧一桃，望向远方。远处有一物，可能是建筑，上空可见祥云和红日。相传春秋时期鬼谷仙师有片桃园，种着西王母赐的仙桃，命弟子孙膑看守。云蒙山白猿因母病重去桃园偷桃被捉，跪地泣告，孙膑怜猿尚知孝母，乃放之并赠桃。猿母食桃后病愈，白猿将洞中所藏《兵书》献给孙膑，孙膑读之，终成齐国名将。猴子是灵长类动物，聪明伶俐，由于"猴"与"侯"谐音，猴子还被赋予了"封侯"的吉祥寓意。在我国有不少有关桃子的传说，例如"东方朔偷桃"和"西王母蟠桃园、蟠桃会"等，桃子是公认的祝寿圣品。在民间美术作品上常见猴子捧桃的形象，寓意增福添寿。

　　该件绣品（图63）以米黄色为地，上用玫红、粉红、橘红、紫色、黑色、白色、蓝色和绿色等色绣线主要以平针绣出圆形图案。图案上部为一株花开正艳的牡丹，花形饱满，叶片有随风拂动感，图案下部为一只黑色的小猫，身体蜷起，造型生动。图案上部花叶之间还有一只飞舞的蝴蝶，似乎是循牡丹的香气而来。"猫"谐音"耄"，"蝶"谐音"耋"，牡丹寓意富贵，故该件绣品图案称为"猫（耄）蝶（耋）富贵"，取健康长寿，富贵吉祥之意，适合赠送给老年长辈。

　　该件绣品（图64）以明黄色为地，上用橘红、深蓝、浅蓝、白和黄等色绣线和金银线以平针和钉针绣出图案。中间是一个硕大的"寿"字，以金线绣制，蓝色勾边，寿字下面是一个如意，如意的下面是一只白色的蝙蝠，周围有卍字、祥云、灵芝和四季折枝花等。此件绣品以"寿"字为主体，并与如意、蝙蝠、灵芝、卍字等吉祥物组合构成一幅精致华丽的祝寿图。

▲ 图62　灵猴献寿纹刺绣枕顶

▲ 图63　耄耋富贵纹刺绣肚兜

▲图64 万寿如意纹绣片

4. 功名利禄

追求功名利禄，是中国封建社会科举制度下形成的传统思想。父母期望儿子科举高中，妻子企盼丈夫早日成就功名，实现升官发财的愿望。民间刺绣表达了人们祈禄的心愿，这类主题的刺绣图案非常常见，包括"一路连科""二甲传胪""喜报三元""五子夺魁""指日高升""鲤鱼跃龙门""独占鳌头""状元祭塔""马上封侯""官上加官"等。另外，在民间还有给男孩制相公帽、公鸡帽的习俗，也是希望孩子长大后仕途顺利。

该件绣品（图65）在浅棕色地上用绿、黄、红、褐、蓝和灰等色绣线主要以平针绣出图案。左侧一男子头戴黑色官帽，身穿绿色官袍，扬起一臂，手指向天上的红日，后面是一随从打扮的童子，手持黄色华盖，华盖上有彩带随风飘扬。右侧有一华美的鸟，似乎是仙鹤，仙鹤是一品文官的象征。此外，还有鹿、蝙蝠等寓意吉祥的动物。该图案寓意"指日高升"，表达了对仕途顺利的企盼。

该件绣品（图66）以白色为地，上用白色、紫色和不同深浅的红色、绿色、棕色等绣线主要以平针绣出花卉纹。绣品左侧下有一块太湖石，上生鸡冠花一株，鸡冠花的后面是一株兰草；右侧是一株牡丹花，枝繁叶茂，花朵盛开。鸡冠花因形似鸡冠而得名，"冠"又谐音"官"，因此，在我国民间文化里，鸡冠花成为官位的象征，此处和象征富贵的牡丹组合，寓意"升官富贵"。

▶ 图 65 指日高升纹刺绣荷包

◀ 图 66 升官富贵纹刺绣枕顶

　　该件绣品（图 67）以米黄色为地，用不同深浅的褐色、紫色、红色和绿色绣线以平针绣出公鸡和牡丹等图案。绣品左下侧有山石，上生牡丹一株并杂有兰草，绣有硕大牡丹花一朵并有花苞数个，枝叶茂盛，引来彩蝶两只，牡丹花下是一只正在打鸣的公鸡。"公"谐音"功"，"鸣"谐音"名"，因此公鸡打鸣有"功名"的寓意。"功名"一词旧指科举称号或官职名位，泛指功业和名声。公鸡打鸣与象征富贵的牡丹组合，寓意"功名富贵"。

　　该件绣品（图 68）以白色为地，上用不同深浅的橘色、紫色、黄色、绿色和蓝色等绣线和金线以平针和钉针绣出公鸡和山雀等图案。绣品底部是一块山石，山石上有一只公鸡，体格健壮、鸡冠红艳、尾羽丰满，山石前后生出艳丽花卉无数，公鸡前方为一株鸡冠花，上方为一株梅花，梅枝引来一只山雀。该件绣品鸡冠花下憩有一只公鸡（寓意"加官"），上有一只飞来的山雀，"雀"音近"爵"，因此寓意"加官晋爵"。

　　该件绣品（图 69）以白色为地，用蓝色、黑色、绿色、棕色和红色等绣线主要以平针绣出花瓶、蝙蝠和花卉等图案。绣品右侧有一只花瓶，花瓶有双耳，瓶中插有三支戟，瓶周围有彩带、香炉和笙等物，花瓶上飞来三只蝙蝠，左下侧有一物，似是屏风，内伸出一根花枝。戟是我国古代的一种合戈、矛为一体的长柄兵器。笙是我国一种古老的簧管乐器。"戟"谐音"级"，因此用三支戟表示"三级"，加上"瓶"谐音"平"，"笙"谐音"升"，该件绣品上的图案组合称为"平升三级"，寓意官运亨通。

▶ 图67 功名富贵纹
刺绣枕顶

▲ 图68 加官晋爵纹刺绣苦盆巾

▲ 图69 平生三级纹刺绣枕顶

　　该件绣品（图70）以红色为地，用蓝色、墨绿、黄色、黑色和粉色等绣线以平针和
打籽针绣出图案。图案主体是一童子，戴童子云肩，穿绿袄，着蓝裤，腰间系粉色腰带，
右手持弓，左手持箭，背上亦有一箭，童子背后有栏杆，似在亭台水榭上，童子脚下有
一方形物并有彩带，不远处有三个果实，其中一个果实上插有一箭。图案上方有字"连
仲三元"点明主题。明清时期科举考试乡试第一称为"解元"，会试第一称为"会元"，
殿试第一称为"状元"，如果应试学子连续取得三个第一即是所谓的"连中三元"。在
民间美术作品上常以荔枝、桂圆和核桃等圆形果实表示"三元"（取其形圆），童子和
果实的组合则称为"连中三元"或"喜报三元"。

◀图 70　连中三元纹刺绣枕顶

　　该件绣品（图71）以白色为地，用不同深浅的蓝色、红色、绿色和黄色等绣线和金线主要以平针、网针和钉针绣出图案。绣品底端是汹涌的海水，海水中现一龙头，龙头上立一武生模样的男子，戴额子、穿靠①，一手持大印，一手摘北斗，作金鸡独立状，男子周围有五彩祥云。该件绣品上的图案名为"独占鳌头"。鳌即鳌鱼，是我国传说中的一种神兽，龙头、鱼身并有四足，相传远古时候金银色的鲤鱼想跃过龙门飞入云端升天为龙，但是它们偷吞了海里的龙珠，只能变成龙头鱼身的鳌鱼。旧时宫殿门前台阶上有鳌鱼浮雕，科举进士发榜时状元所在之处正好是鳌鱼的头部，因此，"独占鳌头"一词寓意位居榜首。

▶ 图71　独占鳌头纹刺绣枕顶

───────────

①　又叫"甲"，是戏中武将披挂的铠甲。它以素缎作面料，绣以图案仿制古代铠甲。靠的背后有硬皮壳叫"背虎"，是插靠旗用的，插靠旗的是硬靠，不插的是软靠。

　　该件绣品（图 72）以白色为地，上用深红、橘红、黑色和不同深浅的蓝色等绣线主要以平针绣出五子夺魁纹。明代早期科举以《诗》《书》《礼》《易》《春秋》五经取士，每经一科，五科头名称为"五魁"，"魁"即第一名。相传五代后周窦禹钧才学出众，教子有方，五个儿子均先后考中进士。该件绣品上绣有五个童子争夺一顶帽盔，"盔"谐音"魁"，寓意子孙考取功名，前程似锦。

▲ 图 72　五子夺魁纹刺绣枕顶

该件绣品（图 73）上可见两个绣片，均以白色为地，用黑色、浅紫、棕黄和不同深浅的蓝色、红色和绿色丝线主要以平针绣出狮子、山石和花卉等图案。上方绣品中间有一块较大的山石，山石上趴着一只向下俯瞰的大狮子，狮子背后有一株盛开的牡丹，山石下草地上有一只奔跑玩耍的小狮子。下方绣品中的草地上有一大一小两只正在嬉戏的狮子，狮子背后亦有山石，石上生有兰草，开有兰花。太师是从西周开始就有的官名，古文经学家认为三公指太师、太傅、太保，《宋书》亦记载"晋初依《周礼》，备置三公。三公之职，太师居首"①。少师是春秋时期楚国设立的职位，后历代沿袭，并与少傅、少保合称三孤。这种以一大一小两只狮子为主题的图案称为"太师少师"（狮取其谐音"师"，且"大"和"太""小"与"少"的音义相近），寓意高官厚禄。

① 沈约 . 宋书上（卷三十九）. 志（第二十九）. 百官上 . 长沙：岳麓书社，1998：673.

▲ 图 73 太师少师纹刺绣褡裢钱荷包

该件绣品（图74）以蓝灰色为地，上用白、褐、不同深浅的灰褐、草绿和淡蓝等色绣线主要以平针绣出图案。绣品下部有野花盛开的草丛，草丛中生一株芦苇，一只螃蟹正沿着芦苇茎向上爬，芦苇枝随风拂动。我国古代科举甲科及第者，其名附卷末，用黄纸书写，故名"黄甲"。明代科举称第二、三甲中的第一名为"传胪"，清代称二甲第一名为"传胪"。"胪"的本意为陈述、陈列，我国古代以上传语告下为胪，故"传胪"亦指科举时代殿试揭晓唱名的一种仪式。由于螃蟹有坚硬的甲壳，《事物异名录·水族蟹》亦称："蟹之大者曰蟛蜞，名黄甲。"因此民间常用螃蟹与芦苇（"芦"谐音"胪"）组合组成寓意金榜题名的吉祥图案，例如以两只螃蟹配一根芦苇称为"二甲传胪"，若以一只螃蟹配一根芦苇则称为"一甲一名"。

该件绣品（图75）以淡粉色为地，上用深蓝、浅蓝、棕色和不同深浅的褐色等绣线主要以平针和松针绣出山林景致。绣品上有一大两小三只猴子，一只幼猴趴在母猴的背上，母猴回首张望，母猴身后有山石，石上有一棵松树，另外一只幼猴蹲在山石上，一

▲ 图74　一甲一名纹刺绣枕顶　　　　▲ 图75　封侯挂印纹刺绣枕顶

手扶住松树树干，一手持长杆欲摘挂在树干上的官印，另有草木若干，图案风格写实，动物形态生动。"猴"谐音"侯"，此处和官印组合称为"封侯挂印"，寓意官运亨通。

该件绣品（图76）以大红色为地，上用粉红、粉白、深紫、浅紫、蓝紫、蓝灰、棕黄和黑色等绣线以平针和打籽针等绣出池塘景致。绣品底部绣有微风徐徐吹过的水面，上有莲花数株，莲花盛开，莲叶随风拂动，另有水草芦苇无数，植株中有一只鹭鸶，尖喙、曲颈、长足，回首眺望后方。"鹭"谐音"路"，"棵"谐音"科"，"莲"谐音"连"，因此，民间将由鹭鸶、莲花和芦苇等组成的图案称为"一路连科"。古代科举考试考生连续考中称为"连科"，图案寓意连续高中，仕途顺畅。若以两只鹭鸶和莲花、芦苇组合则可称为"路路连科"，其意相同。

▲ 图76 一路连科纹刺绣枕顶

　　该件绣品（图 77）以白色为地，上用不同深浅的棕、深红、浅红、草绿、淡绿、深蓝、浅蓝、棕黄等色绣线主要以打籽针和平针绣出"鲤鱼跃龙门"的图案。绣片呈如意云头形，以一棕一蓝两道花边勾边，中间有一个类似牌坊的建筑，下有波浪，上有一鸟，左右各有一条跃起的鲤鱼，另有花叶填充两端，构图饱满，配色雅致。我国传说中黄河鲤鱼跳过龙门就会变化成龙，后人用此比喻仕途平步青云，事业飞黄腾达。

▲ 图 77　鲤鱼跃龙门纹绣片

5.财富喜乐

财富和喜乐是劳动人民生活中最现实、最朴素的愿望。"金玉满堂""五谷丰登"和"连年有余"等图案表达了人们对钱财和富足的企盼，"喜上眉梢""福在眼前"和"安居乐业"等图案是对喜乐向往的直白表达，"三阳开泰"和"六合同春"等图案则是人们在岁首时的吉祥称颂。此外，以民间传说为蓝本的"刘海戏金蟾"图案也有财源滚滚的寓意，详见下文"（二）神祇图腾"中"1.宗教人物"一节。

该件绣品（图78）以浅蓝色为地，上用棕黄、深褐和不同深浅的玫红、橘红及草绿等色绣线和金银线（平金线和平银线）主要以平针和钉针绣出图案。图案呈现一幅鱼戏莲叶间的景致，池塘内碧波中有两条嬉戏的金鱼，一为橘色，一为红色，金鱼周围水草、莲叶随波浮动。"金鱼"谐音"金玉"，因此民间多以金鱼喻"金玉"，用多条游动的金鱼和水藻等组成金玉满堂纹。"金玉"指金银珠宝，泛指财富，"金玉满堂"则寓意财富满盈。

▲ 图78 金玉满堂纹绣片

　　该件绣品（图79）以大红色为地，上用不同深浅的红色、绿色、蓝色和黄色等绣线以戗针和打籽等针法绣出圆形图案：中间是一朵盛开的牡丹，周围环绕以麦穗，底下有海水江崖，构图饱满，色彩过渡自然。在我国传统文化里，牡丹象征着富贵，此处和麦穗组合称为"岁岁富贵"（"穗"与"岁"谐音），寓意家业兴旺，富贵绵长。

　　该件绣品（图80）以浅红为地，上用粉红、墨绿、黑、棕褐、浅蓝和草绿等色绣线以戳纱绣法绣出童子骑鱼纹，童子身穿肚兜手足戴镯子，鱼为金鱼，大眼扇尾。旧时我国过年有供奉活鲤并在晚上吃芋（鱼）头以示丰年的习俗，因此在民间美术作品上常见童子和鱼组合并常搭配莲枝的图案，由于"莲"与"连"谐音，"鱼"与"余"谐音，因此称为"连年有余"，寓意来年丰收，富庶有余。

▲ 图79　岁岁富贵纹绣片

▲ 图80　连年有余纹刺绣枕顶

该件绣品（图81）以红色为地，上用深蓝、浅蓝、墨绿、草绿和黄色等绣线以平针、钉针和网针绣出图案。中间是一只双耳花瓶，瓶身两侧有彩带，瓶内插有三物，中间为戟，上挂双鱼，两侧为磬，并有缨穗。戟是我国古代的一种长柄兵器，磬即玉磬，是我国古代的一种打击乐器，形似曲尺，可悬挂。"戟"谐音"吉"，"磬"谐音"庆"，"鱼"谐音"余"，因此戟、磬和双鱼的组合称为"吉庆有余"，寓意喜事连连。

该件绣品（图82）为戳纱绣，以黑色、草绿、棕黄和不同深浅的红色及蓝色绣线绣出图案。绣品中间为一正方形，内填一只蝙蝠，蝙蝠之上有铜钱数枚，正方形的四个顶角各有一个卍字，上下另各有两个正方形，填以回纹。相传蝙蝠夜间随钟馗捉鬼，又"蝠"与"福"谐音，因此蝙蝠在我国传统文化里是一种祥瑞的动物，此处和铜钱组合称为"福在眼前"（"钱"与"前"谐音）。回纹由古代陶器和青铜器上的雷纹衍变而来，因形如汉字"回"，所以被称为回纹。回纹也是我国民间的一种吉祥图案，称为"富贵不断头"，寓意富贵绵长。

▲ 图81　吉庆有余纹刺绣枕顶

▲ 图82　福在眼前纹刺绣枕顶

　　该件绣品（图 83）以白色为地，上用蓝色、墨绿、草绿、黄色、玫红、大红和黑色等绣线主要以平针绣出图案。绣品上部为花篮果实纹，下部为喜上眉梢纹。古人以喜鹊作为喜的象征。《开元天宝遗事》载：“时人之家闻鹊声者，皆为喜兆，故谓灵鹊报喜。”《禽经》亦有“灵鹊兆喜”之说，可见早在唐宋时我国即有此风俗。“喜上眉梢”出自清代文康的《儿女英雄传》第二十三回：“思索良久，得了主意，不觉喜上眉梢”，意思是喜悦的心情从眉眼上表现出来，因此在我国民间美术作品上有喜鹊休憩在梅枝上的吉祥图案，取“梅”的谐音“眉”，谓之“喜上眉梢”，寓意喜事来临。

▲ 图 83　喜上眉梢纹刺绣肚兜

该件绣品（图84）以米黄色为地，上用不同深浅的紫色、红色、蓝色、绿色、褐色和黄色等绣线以平针和打籽针绣出图案。绣品左下侧有山石，石上生有菊株，上开紫、红和蓝色菊花，枝叶摇曳，并杂有兰草，引来彩蝶数只，绣品右侧菊花下面有一只安闲自在的鹌鹑。"鹌"与"安"谐音，"菊"与"居"谐音，因此鹌鹑、菊花和枝叶（有时表现为落下的枫叶，因"落叶"与"乐业"谐音）组合的图案可称为"安居乐业"。

▲ 图84 安居乐业纹刺绣枕顶

该件绣品（图85）以红色为地，上用墨绿、草绿、黑色、橘红和米白等绣线以平针和打籽等针法绣出螳螂和萝卜的图案，萝卜头露出地面，上有叶数片，叶片上憩有一只碧绿的螳螂，萝卜周围还杂生野草。在我国传统文化里，螳螂有"金玉满堂（螳）堆长廊（螂）"之意，寓意家财兴旺；萝卜方言称"菜头"，与"彩头"谐音，大萝卜还象征着风调雨顺、国泰民安。

该件绣品（图86）以白色为地，上用黑色、红色、蓝色和褐色等绣线主要以平针、松针和打籽针绣出图案。图案表现山林的景致，上可见山石、花草，花草中间有三只山羊，回首相望，上面有祥云红日，并有汉字"三羊开太"点明主题。"羊"与"阳"谐音，三羊即三阳。《周易》称正月为泰卦，三阳生于下，"小往大来，吉、亨"[1]。《宋史》亦称"三阳交泰，日新惟良"[2]。因此，"三阳开泰"一词常作为称颂岁首的吉祥语。

▲ 图85　螳螂萝卜纹绣片

▲ 图86　三阳开泰纹刺绣枕顶

① 佚名.周易（上经）·泰十一.长春：吉林文史出版社，2006：43.
② 脱脱，等.宋史（第十册）·志.北京：中华书局，1977：3066.

该件绣品（图87）有两个绣片，均以白色为地，上用墨绿、蓝绿、褐色、红色、深褐、浅褐和棕色等绣线主要以平针绣出仙鹤和梅花鹿等图案。上方绣片有山石草木和一对仙鹤，其中一只仙鹤还口衔一朵灵芝，下方绣片亦有山石草木，但该片上的树木和上片有所不同，草地上有一雄一雌两只梅花鹿，一只在食草，一只回首观望。"鹿"谐音"六"，"鹤"谐音"合"，鹿鹤即是"六合"。六合指东西南北天地六方，泛指天下，鹿鹤和草木花卉的组合则称为"六合同春"，寓意天下皆春，万物欣欣向荣。

▶ 图87 六合同春纹刺绣褡裢钱荷包

6. 清雅高洁

虽然民间刺绣的使用者是广大劳动人民，但某些题材也反映了他们风雅的一面。这类题材包括岁寒三友、四君子、琴棋书画、渔樵耕读、山水园林、仕女风景和诗词歌赋等，以及以古代文人雅士的故事为蓝本的图案，例如羲之爱鹅、陶渊明赏菊、米芾拜石等。它们反映了平民百姓清洁高雅的理想。

该件绣品（图88）以浅红色为地，上用粉红、蓝灰、棕褐、黑色和翠绿等绣线以平针和松针等绣出图案。图案的主体为一梅树，虬枝曲折、梅花盛开，梅树前面有竹枝，后有松枝，构图巧妙，配色雅致，左侧有字"三友图"点明主题。三友指松、竹、梅三种植物，松、竹经冬不凋，梅凌寒而开。宋代林景熙的《五云梅舍记》中有文"即其居累土为山，种梅百本，与乔松修篁为岁寒友"。这三种植物在寒冬时节仍保持顽强的生命力，因此在我国传统文化里是高尚品格的象征。

▲ 图88　岁寒三友纹刺绣枕顶

　　该对绣品（图89）一件以紫色为地，上用黑色、褐色、紫色、粉色、红色和绿色等绣线以平针和松针等绣出松树和竹子的图案；另一件以白色为地，上用玫红、大红、蓝紫、墨绿、灰绿、褐色和黑色等绣线以平针和打籽针等绣出梅树和兰花的图案。植物中间有字"松竹梅兰"点明主题。松坚韧不拔，竹虚心向上，梅凌寒开放，兰清逸幽娴，世人以其德比君子，谓之"四君"。然而，四君子更常见的组合是梅兰竹菊，最早出自明代黄凤池编辑的《梅竹兰菊四谱》，《集雅斋梅竹兰菊四谱小引》称"文房清供，独取梅、竹、兰、菊四君者无他，则以其幽芳逸致，偏能涤人之秽肠而澄莹其神骨"[①]。

▲图89　四君子纹刺绣枕顶

① 转引自：梁实秋．梁实秋散文集（第六卷）．长春：时代文艺出版社，2015：334.

该件绣品（图 90）以浅红色为地，上用不同深浅的棕绿、棕红、棕黄和棕褐等绣线以平针绣出博古纹。图案主体是一只高大的花盆，盆内种有菊花，花盆左侧是一盆兰花，右侧有铜炉、书卷和一只花瓶，瓶内插有如意，书卷附近还有彩带。北宋大观年间，宋徽宗命王黼等著录宣和殿所藏古器，编纂成《宣和博古图》三十卷，后世因此将瓷、铜、玉、石等各种古器物组成的图案称为博古纹，也有添加花卉、果品作为点缀的。博古纹有博古通今，崇尚儒雅的寓意。

该件绣品（图 91）以玫红色为地，上用绛紫、深蓝、浅蓝、黑色、墨绿、白色、米色和黄色绣线主要以平针绣出古琴、棋盘、线装书和立轴画的图案。琴（弹琴）、棋（弈棋）、书（书法）和画（绘画）是古代文人必备的四种技艺和修养，统称"四艺"。"琴棋书画"并称最早见于唐代张彦远的《法书要录》："才俗姓袁氏，梁司空昂之玄孙。辩才博学工文，琴棋书画皆得其妙。"[①]

该件绣品（图 92）以红色为地，上用深蓝、棕褐、绿色和白色等绣线主要以平针绣出江景图。江（吴淞江）面波浪推涌，两岸怪石嶙峋，江中有小船一只，船头有船夫撑桨，远处山上有一棵松树，树上挂有一口钟，松树下有一座寺庙（寒山寺），上有诗句"夜半钟声到客船"点明主题。诗句出自唐代诗人张继的《枫桥夜泊》，勾画了月落乌啼、霜天寒夜、江枫渔火、孤舟客子等景象，有景有情有声有色。此外，这首诗也充分表现了作者的羁旅之思、家国之忧，以及身处乱世尚无归宿的顾虑。

---

① 张彦远.法书要录.上海：上海书画出版社，1986：100.

▲ 图 90　博古纹刺绣枕顶

▲ 图 91　四艺集雅纹刺绣枕顶

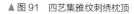

◀ 图 92　枫桥夜泊纹刺绣枕顶

　　该对绣品（图93）以黄色为地，用黑色和红色绣线主要以平针绣出诗词楹联。唐代诗人李白的作品《把酒问月》中有诗句"今人不见古时月，今月曾经照古人"，明代的《增广贤文》中改成了"古人不见今时月，今月曾经照古人"。两者意境基本相同，都是感叹人生短暂，明月长久。

　　该对绣品（图94）以深蓝色为地，用大红、粉红、紫色、棕黄、白色和草绿等绣线主要以平针绣出渔夫、樵夫、农夫和书生，渔夫持鱼、樵夫负柴、农夫扛锄、书生背书，左右各有一棵树，上有蝴蝶飞鸟。"渔樵耕读"的"渔"指的是东汉的严子陵，他与汉光武帝刘秀是同窗，刘秀当了皇帝以后多次请他做官，都被

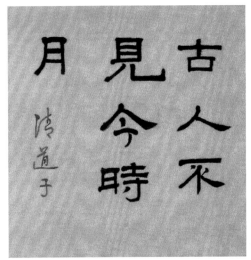

▲ 图93　诗词楹联刺绣枕顶

他拒绝了。严子陵一生不仕，隐于浙江桐庐，垂钓终老。"樵"指的是汉武帝时的朱买臣。朱买臣出身贫寒，靠卖柴为生，但酷爱读书，妻子不堪贫穷改嫁他人，他仍自强不息，熟读《春秋》《楚辞》，后由同乡推荐做了汉武帝的中大夫和文学侍臣。"耕"指的是尧舜禹时期的舜，舜曾在历山下教民众耕种。"读"指的是战国时的苏秦，苏秦曾到秦国游说失败，因此发愤读书，每天读书到深夜，每当要打瞌睡时，他就刺股提神，最终成为战国著名的纵横家、谋略家。渔、樵、耕、读也是中国农耕社会四个比较重要的职业，代表了我国古代劳动人民的基本生活方式，同时也是很多官宦向往的退隐之后的生活。

▲ 图 94　渔樵耕读纹刺绣枕顶

　　该件绣品（图95）以蓝色为地，上用绿色、棕色、褐色、黑色、紫色、黄色、白色和红色等绣线以平针和松针等绣出图案。绣品左侧有山石，石上生有杂草和松树，松树下戴幞头、蓄长须、穿棕色衫子、雅士模样的男子为王羲之，他伏于一石作赏鹅状，石上放有一书、一壶和一杯。王羲之前面有一童子，童子梳双髻，着紫衫和黄裤，与一只白鹅嬉戏玩耍。相传晋代大书法家王羲之从家鹅行水中悟出了用笔的方法，因此有"爱鹅"的癖好，有关他写经换鹅的故事也曾广为传诵。

　　该件绣品（图96）以白色为地，上用蓝紫、紫红、黑色、灰褐、棕褐、浅绿、棕绿和不同深浅的蓝色等绣线主要以平针绣出图案。绣品右下有一亭台，可见栏杆，亭台上有石，上生菊花和兰草，亭台一角有一个花瓶，瓶中亦插菊花。亭台上有一儒生和一童子，儒生戴巾帽、上着衫子下着裳，腰间系带，作赏菊状；童子梳双髻，着紫衫绿裤，回头望男子，似有好奇聆听之意。远处有群山，上有字"渊明赏菊步东篱"点题。图案出自陶潜爱菊的典故。陶潜，字渊明，东晋人，博学能文，在官八十余日，郡遣督邮至县巡检，令应束带见之。陶潜曰："吾不能为五斗米折腰，向乡里小儿。"即日解印绶去职。因有"采菊东篱下，悠然见南山"的诗句，故传为爱菊。

▲图95　羲之爱鹅纹刺绣名片夹　　　▲图96　陶渊明赏菊纹刺绣枕顶

该件绣品（图97）以白色为地，上用红色、白色、玫红和不同深浅的蓝色、绿色、灰色、褐色及黄色等绣线以平针和松针绣出图案。绣品正中有一块奇石，上生松树和野草，石下有一男子正对石作揖，男子后有一童子，石上有祥云和红日。图案出自米芾拜石的典故。米芾为宋代杰出的书法家、画家，《宋史·米芾传》载："无为州治有巨石，状奇丑，芾见大喜曰：'此足以当吾拜！'具衣冠拜之，呼之为兄。"

▲图97 米芾拜石纹刺绣枕顶

7. 多重寓意

在民间刺绣上更为常见的是含有多重寓意的图案，即在一个图案里或一件绣品上通过事物或文字的巧妙组合表达多重的吉祥祝愿。这类图案以三多纹为代表，福寿、富贵、平安和喜乐等都可以自由组合。在前述绣品中已看到多个多重寓意的图案（参见图 42、图 43、图 45、图 64 和图 82 等），以下增述几例。

该件绣品（图 98）以浅蓝色为地，上用深紫、浅紫、深蓝、白色、草绿和黄色等绣线主要以平针绣出图案。绣品中间是一个彩带环绕的寿字，寿字有如意云头，寿字中间有一只蝙蝠，绣品四角各有一枝牡丹，牡丹盛开，枝叶摇曳。图案具有多重寓意，"寿"字象征长寿；"蝠"谐音"福"，并有长寿的意义，寓意幸福，而蝠纹在清朝成为常见的装饰图案；牡丹在我国传统文化里是富贵的象征。

▶ 图 98　福寿富贵纹绣片

该件绣品（图99）以浅蓝色为地，上用白色、黑色和不同深浅的红色、蓝色、绿色及黄色绣线和金线以平针、打籽和钉针等绣出图案。绣品中间是一只花瓶，瓶中插有一枝牡丹，花瓶周围有彩蝶、奇石、兰草和梅花。图案具有多重寓意。"瓶"谐音"平"，寓意平安；牡丹象征富贵；花和蝶的组合称为"蝶恋花"，寓意爱情婚姻美满幸福；花瓶和奇石组成博古纹，寓意清雅。

◀图99　平安富贵纹绣片

该件绣品（图100）以蓝紫色为地，上用金线（盘金）以钉针绣出三多纹，纹饰华而不俗，绣面平整精致。图案为两束梅枝，梅枝上除梅花、梅叶外还有桃子、石榴和佛手，并有喜鹊一双。桃子象征多寿，石榴象征多子，佛手之"佛"谐音"福"，寓意多福，因此这种由桃子、石榴和佛手组成的图案称为"三多"纹。三多纹源于《庄子》"尧观于华封，华封人曰："嘻！请祝圣人，'使圣人寿，使圣人富，使圣人多男子'"①，因此，"三多"又称"华封三祝"。另外，该件上梅花和喜鹊的组合又可称为"喜上眉梢"，寓意喜事来临。

该件绣品（图101）以红色为地，上用白色和不同深浅的红色、绿色及白色绣线和金线以平针和钉针绣出图案。绣品上可见花盆、博古架、花瓶、果盘、香炉和卷轴等物，花瓶中插有牡丹，果盘里盛放佛手等果实，香炉烟煴袅袅，引来五只蝙蝠，博古架上还有寿桃一只，博古架下有书画两卷。此类图案称为"岁朝清供"。清供又称清玩，起源于佛像前的插花，早为果蔬鲜花，后来渐渐发展成为包括金石、书画、古器和盆景在内的一切可供案头赏玩的清雅物件。清供的物品随时令而不同，岁朝清供指的是正月初的案头陈设，为烟火味浓厚的春节增添了雅趣。岁朝清供也

① 李昉，等.太平御览（卷八十）·皇王部（五）.石家庄：河北教育出版社，1994：688.

是我国传统文人画的题材。该件绣品上的图案有多重寓意，"瓶"与"平"谐音，寓意平安；牡丹象征富贵；佛手寓意多福；桃子寓意长寿；五只蝙蝠寓意"五福临门"；花瓶、果盘、卷轴、香炉和博古架组成博古纹，寓意清雅。绣品是新春时节的室内装饰，表达对新年的美好期盼。

▲ 图 101　岁朝清供纹刺绣镜心

◀ 图 100　三多纹刺绣袖边

　　该件绣品（图102）以红色为地，上用白色和不同深浅的红色、绿色、蓝色和黄色等绣线主要以平针绣出精致图案。绣片中间是牡丹团花，内含牡丹一株，枝叶繁茂，上开一红一蓝两朵硕大的牡丹花；绣片四角上有两株佛手，下为两株石榴，均含枝叶果实。牡丹象征富贵，佛手象征多福，石榴寓意多子，故图案表达了企盼多福多子和富贵的美好愿望。

▲图102　福寿富贵纹绣片

▶ 图 103　三多纹绣片

　　该件绣品(图103)以米黄色为地,上用不同深浅的蓝色、绿色、黄色、紫色和橘色等绣线和金线以平针、钉针和打籽针等绣出圆形图案,配色典雅、构图饱满、绣工精致。绣品中间是一只果盘,果盘内及四周环绕以花枝,上可见梅、兰、桃、荷各种花朵,并于盘内结有佛手、石榴和桃子各一只,花间彩蝶飞舞。图案具有多重寓意,佛手、石榴和桃子的组合为"三多纹",寓意多福多子多寿;果盘和花卉、果实组成博古纹,寓意清雅;蝴蝶和花卉的组合寓意婚姻美满。

（二）神祇图腾

神祇是民间刺绣的重要题材，体现了人们对神灵的尊崇与敬畏，其中大部分和宗教有关。刺绣佛像自佛教传入以来就是刺绣的一个重要类别，在民间刺绣上还常见和道教有关的人物，佛教和道教中的器物也随之出现在刺绣上。在少数民族的刺绣中则常见图腾，例如苗族刺绣上的蝴蝶纹、龙纹和人祖纹，侗族刺绣上的太阳纹、月亮纹和龙树纹。

1. 宗教人物

随着佛教的传入，佛教题材的刺绣日益兴盛起来，无数善男信女以绣像做功德。今天，在我国内蒙古和青藏高原信仰佛教的牧民家里大多都还供奉着一种刺绣佛像——"唐卡"，它不仅悬挂方便，还可随身携带以便随时祈福。道教是我国土生土长的宗教，民间有许多传说和道教人物有关，例如八仙、麻姑、合和二仙、福禄寿三星、南极仙翁和刘海等。民间常用八仙、麻姑、南极仙翁等祝愿健康长寿，合和二仙表达和谐友爱，刘海戏金蟾寓意财富滚滚，福禄寿三星企盼多福、多寿和仕途通达。

该件绣品（图104）以蓝色为地，上用黄色、黑色、白色、红色、不同深浅的蓝色、橙色等绣线绣出释迦牟尼说法图。中间莲台上端坐者为释迦牟尼，外穿红色袈裟，双目微合，神态和煦，手结说法印，身后有背光，头上有伞盖，有璎珞垂下。莲台下为释迦牟尼的两大弟子摩诃迦叶和阿难陀，均表现为年长的模样，分列左右。佛陀和弟子周围环绕以祥云，绣品底部涌现无数莲花。佛

▶ 图 104 绣线释迦牟尼佛轴
清代

陀有十大弟子，其中摩诃迦叶少欲知足，常修苦行，称为"头陀第一"；阿难陀专注于服侍佛陀，谨记佛的一言一语，因此被称为"多闻第一"。

该件绣品（图105）用黑色、白色、不同深浅的草绿、酱紫、棕红、金黄色绣线和金线以平针、钉针等满绣白度母像，外以织物为缘边，上可见龙纹。白度母头戴宝冠，身饰璎珞，面容慈和，手结法印，并执莲花（藏传佛教中称为"乌巴拉花"），结跏趺坐于莲台上，白度母身后有背光，并环绕以花叶。白度母，藏音译"卓玛嘎尔姆"，又称"增寿救度佛母"，是藏传佛教中圣救度佛母的二十一尊化身之一。相传白度母为观世音菩萨左眼眼泪所化，是观音慈悲的化现，具有救度八难的威德。松赞干布的妻子尼泊尔赤尊公主被认为是白度母的化身。白度母身色洁白，面、手和脚上共有七目，所以又称"七眼佛母"，据说七眼能够照见一切瘟疫疾病的缘起从而消灭之。

该件绣品（图106）将红棕、浅蓝、深蓝、橙、粉红、绿、白、黑、黄等色织物按照图案的需要剪成不同形状的布片，通过粘贴和缝缀的方式形成图案，层次感强，配色丰富。绣品表现的是千手千眼的观世音菩萨。头部可见十一张面孔，均戴宝冠，面色和表情有不同，中间一张面孔为白色，略带微笑，神态安详。有手数双，正面一双，其余均在身体两侧呈环形排列，结不同法印，有些持有法器。菩萨身饰彩带和璎珞，下着多层彩裙，赤足立于莲台之上，身后有背光，周围环绕以莲枝，莲台下左右还可见其他佛像。

▲ 图 105　刺绣白度母像

该件绣品（图107）以白色、黄色和不同深浅的蓝色、墨绿、草绿、玫红、大红、橙红等色织物按照图案的需要剪成不同形状的布片，通过粘贴和缝缀的方式形成图案。绣品正中表现的是吉祥天女愤怒时的形象，身为蓝色，头戴五骷髅冠，橘红色头发竖起，面部三目圆睁，大嘴如盆，左耳环为狮子，象征听佛道，右耳环为蛇，是愤怒的标记，一手持兵器，一手持人头骨碗，赤足侧身坐在骡子上，骡子上还挂着女人头。天女上有五彩祥云，下可见海水和陆地。"吉祥天女"又称"吉祥天母"，是藏传佛教中密宗八大护法中唯一的女性护法神。相传她能令众生远离苦难，得到吉祥和安乐。同时她也是一位爱憎分明的女神。

▲ 图 106　堆绫绣观世音菩萨像

▲ 图 107　堆绫绣吉祥天女像

　　该对绣品（图 108）以玫红色为地，上用黑色、紫色、橘红、米黄、棕黄、棕褐和不同深浅的绿色、蓝色及红色等绣线以平针、钉针和网针等绣出八仙图案。绣品表现了八仙过海的情景，最左侧有龙宫，底端海水翻滚、波浪起伏，波浪间现鲤鱼和金鱼，上有八仙，从左至右分别为曹国舅（手持笏板）、蓝采和（手持花篮）、张果老（背负渔鼓）、何仙姑（手持荷花）、铁拐李（手捧葫芦）、汉钟离（手持扇子）、吕洞宾（背负宝剑，手持拂尘）和韩湘子（吹奏横笛）。一片枕顶上有花卉和飞鹤（寓意益寿延年）；另一片上有佛手、寿桃和石榴（寓意多福多子多寿）。我国民间所谓的"八仙"大约形成于元代，但人物不尽相同。至明代吴元泰作《八仙出处东游记》，八仙人物也在流传中稳定下来。八仙均来自人间，且皆有凡间故事，后来才得道成仙。《八仙过海》是八仙最脍炙人口的故事之一。相传蓬莱仙岛牡丹盛开时，白云仙长邀请八仙和五圣共襄盛举，回程时铁拐李（或吕洞宾）建议不搭船而各自想办法，就是后来"八仙过海，各显神通"或"八仙过海，各凭本事"的起源。另外，相传八仙也会定期赴西王母蟠桃大会祝寿，所以"八仙祝寿"也成为民间美术常见的祝寿题材。

▲ 图 108　八仙过海纹刺绣枕顶

▶ 图 109　麻姑献寿纹刺绣枕顶

　　该件绣品（图 109）以玫红色为地，上用黑色、褐色、黄色、白色和不同深浅的蓝色及绿色等绣线以平针、松针和打籽针等绣出图案。绣品左侧是一只回首观望的梅花鹿，有高耸的鹿角；右侧是一个站立的女子，头顶梳髻，上着深蓝色衫子，下浅蓝色长裙，一手持花篮，一手指向梅花鹿。女子和鹿之间有山石杂草，并有麦穗一枝，上有云彩和太阳。"麻姑"又称"寿仙娘娘""虚寂冲应真人"，是我国民间信仰的女仙，属道教人物。据《神仙传》记载，麻姑为女性，在牟州东南姑馀山（今山东莱州市）修道，东汉时应仙人王方平之召降于蔡经家，年十八九，貌美，自谓"已见东海三为桑田"，故旧时以麻姑喻高寿。另外，民间还流传三月三日西王母寿辰，麻姑在绛珠河边以灵芝酿酒祝寿的故事。旧时民间为女性祝寿赠麻姑像，称为"麻姑献寿"。

该件绣品（图110）以橘红为地，上用黑色、白色、金黄、鹅黄和不同深浅的蓝色、紫色及绿色等绣线以平针和钉针绣出图案。绣品正中是一个童子，手持一串铜钱，作洒钱状，童子脚下有一只蟾蜍，童子与蟾蜍玩耍嬉戏，周围环绕以兰草、梅花等花卉。该件绣品上的图案称为"刘海戏金蟾"。在民间美术作品中，刘海常表现为童子形象。金蟾是一只三足青蛙，古时认为得之可致富，寓意财源兴旺，幸福美好。

该件绣品（图111）以蓝色为地，上用红色、白色、黄色、草绿、墨绿、棕色和黑色等绣线以平针、打籽针和钉针等绣出图案。绣品上有嬉戏童子二人，皆头顶梳髻，上穿交领衫子，下着裤，腰间系带，一人手持荷花，一人手抱圆盒。两人脚下有荷花一株，兰草一束，抱盒童子上有一只蝙蝠。寒山、拾得皆为唐朝贞观年间人，二人佛法高妙，更兼诗才横溢，佛门弟子认为他们分别是文殊、普贤菩萨转世。而且，寒山、拾得二人踪迹怪异，其典型形象总是满面春风，拍掌而笑，民间奉为"合"（与"盒"谐音）、"和"（与"荷"谐音）二仙。旧时婚礼上，喜堂高挂二仙神像，寓意家庭和合，婚姻美满。"蝠"与"福"谐音，寓意"福从天降"。

▲ 图110　刘海戏金蟾纹刺绣枕顶

▲ 图111　合和二仙纹刺绣枕顶

　　该件绣品（图112）以红色为地，上用白色、黑色、不同深浅的蓝色、灰色、红色、棕色及绿色等绣线和金线主要以平针和钉针绣出图案，晕色自然，绣工精致。绣品上有三人，左侧为一白须老者，上穿宽袖衫子，下着裳和敝膝，一手持龙头拐杖，一手捧寿桃，面容和蔼；中间一人头戴幞头，身穿圆领袍衫，手捧如意，回头望向老者；右边一人头戴巾帽，上穿宽袖交领衫子，下着裳和敝膝，手持拂尘。三人后面有栏杆，一侧有一棵桃树，上开桃花并结果实，另一侧有山石和竹枝，桃枝和竹枝间有蝙蝠飞舞。绣品从右至左分别表现的是福星、禄星和寿星。三星属道教神仙，福星又称福神，在道教中称"紫微大帝"，掌管人间福气分配；禄星又称文昌星，他是读书人的保护神，掌管人间功名利禄；寿星又称南极老人星，执掌人间生命寿数。福禄寿三星成为民间世俗生活理想的真实写照。

▲ 图112　福禄寿三星绣片

该件绣品（图113）以白色为地，上用黑色、白色和不同深浅的棕色、红色及蓝色等绣线以平针和松针等绣出图案。图案表现的是"赵彦求寿"的故事。故事讲述神卜管辂相少年赵彦三日内必死，赵彦哭求禳解之术。管辂嘱赵彦携带美酒、鹿脯，往终南山向神仙献酒求寿。赵彦遵嘱往终南山，果见南斗、北斗二星于松下对弈，赵彦献酒肉，苦苦哀求，星君乃取寿籍，将十九岁前加一"九"字，遂延寿至九十九岁。赵彦叩谢而去。南斗星君和北斗星君都是道教中重要的天神，相传南斗星君执掌人的寿命，北斗星君决定人的死期，即所谓"南斗注生，北斗注死"。绣品上松树下、山谷间、青石上对弈的两位老者为南斗星君和北斗星君，石下一年轻男子手捧酒杯，单膝屈地，为赵彦，膝前有一篓、一壶，表明携美酒而来。

▲ 图113 赵彦求寿纹刺绣枕顶

2. 宗教器物

随着宗教的盛行，宗教中的器物也成为驱灾、辟邪、保平安的图案出现在民间刺绣上，例如佛教中的八宝和金刚杵，道教中八仙的法器，这些器物寓示着超自然的力量。

该件绣品（图 114）以深蓝色为地，上用白色和不同深浅的蓝色、红色、黄色、灰色和绿色等绣线以平针和打籽针等绣出团花图案，结构对称，形态逼真，绣工精致。图案以花卉和八宝为主题，中心为一朵宝相花，周围环绕以牡丹和菊花，花色各有不同，枝叶繁茂宛转，花叶间杂以八宝纹。八宝，又称八吉，为藏传佛教中的八件宝物，包括法螺、法轮、宝伞、白盖、莲花、宝瓶、金鱼和盘长，为象征佛教威力的八种物象。

该件绣品（图 115）以黄色为地，上用白色、红色和不同深浅的棕色、草绿、蓝色、黄色等绣线主要以平针绣出十字杵和缠枝花的图案，色彩过渡自然，绣工精致细腻，风格华美富丽。十字杵即十字金刚杵，又称"羯磨杵"，是西藏密宗的一种法器，梵文称为"伐折罗"，坚固锋利，被认为可以断除烦恼、消除恶魔。绣品以十字杵为图案，取其驱魔纳吉的寓意。

▶ 图 114 八宝花卉纹刺绣补子

◀ 图 115 十字杵花卉纹刺绣凳套

　　该件绣品（图 116）以白色为地，上用黑色、白色、棕褐和不同深浅的草绿、蓝色及玫红色等绣线主要以平针和铺绒法绣出暗八仙纹。暗八仙又称"道家八宝"，指八仙的八件法器，法力各有不同：铁拐李的葫芦装着长生不老的丹药，可以救济众生；张果老的渔鼓是占卜用的法器，能占卜人生；何仙姑的荷花能使人修身养性，不染杂念；蓝采和的花篮装满仙品，能广通神明；汉钟离的芭蕉扇能让人起死回生；吕洞宾的宝剑能镇邪驱魔；韩湘子的横笛能使万物焕发生机；曹国舅的笏板能让心静神明。暗八仙与八仙具有同样的吉祥寓意，也用于祝寿。

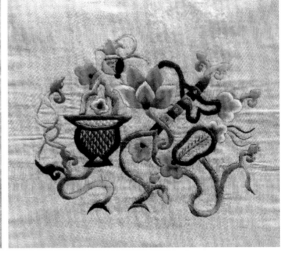

▲ 图 116　暗八仙纹刺绣枕顶

3. 部落图腾

相传远古时期,蛇是女娲族的图腾,虎是伏羲族的图腾,至今在我国甘肃、陕西、山东北部还崇拜虎、蛇、牛等动物。图腾在我国少数民族中更为普遍,在其刺绣中也很常见,例如黔东南苗族的刺绣图案具有远古的神秘气息,常见蝴蝶妈妈、鹡宇鸟和龙纹等有神力的动物以及人祖姜央的形象;水族也以蝴蝶为祖先,在其独具特色的马尾绣小孩背扇上常见规格较大的蝴蝶纹(见图 14);侗族孩童的背带上常绣有太阳、月亮和龙树,此外龙、蛇和马也是侗族刺绣上常见的图案……这些图案传承下来,有的已经符号化和标志化,成为民族文化不可分割的一部分。

该件绣品(图 117)以黑色为地,上用白色、黑色、黄色、绿色、蓝色、紫色等绣线绣出苗龙护苗娃的图案,构图饱满,配色热烈。图案主体为一条人首龙身的人头龙,人头表现为一女性的形象,头戴盛装的银饰,耳戴圆形耳环,双目圆睁,神态威严,双手高举作划水状,龙身蜿蜒,尾部卷曲,托住一个天真可爱的孩童,人头龙的周围还有几条大小不一的鱼龙。汉族的龙纹是九五之尊的专属,苗族的龙纹可自由装饰在人们的衣服上。在苗族的文化中,龙这种动物身兼数职,既是水神又是山神、土地神、家神、寨神、祖先神又是生殖神。苗龙是保寨安民,赐福赐子的善神。在苗族的刺绣中有许多龙纹,形态非常多样,可以加上人头、牛头、凤头、鱼身、蚕身、蜈蚣身等变成各种形态的龙纹,称为人头龙、水牛龙、凤头龙、鱼龙、蚕龙、蜈蚣龙等。

▲图 117　苗龙护苗娃纹绣片

　　图 118 所示为台江县五河乡苗寨头领夫人在举办牯脏节时穿过的绣衣，以黑色为地，上用五彩丝线以平针绣出精美的图案，讲述了蝴蝶妈妈和人祖姜央的故事。蝴蝶纹是苗族重要的装饰题材。在苗族祭祖大典唱的苗族古歌中追溯了万物的起源，枫树生出了苗族祖母大神"妹榜妹留（蝴蝶妈妈）"，蝴蝶在狓狃的窝里生了十二个蛋，请鹊宇鸟孵化，孵出了龙、雷公、虎、蛇、水牛、蜈蚣、青蛙……最后出来的是人祖姜央和妹妹。雷公放水淹了天下，人祖姜央和妹妹坐在葫芦里躲过灾难，但兄妹必须成亲，两人不愿意，便想法验证是否是天意使然，于是兄妹两人各抗起磨的一半，分别到两座山上，让

◀▼ 图 118 蝴蝶人祖纹绣衣及其局部放大

磨从山顶滚下来，若两个磨能合在一起便结为夫妻，结果磨果真合在一起，两人因此成亲。在这件绣衣上多处可见蝴蝶的形象，衣襟下角两侧表现的是姜央兄妹合磨成亲的故事。苗族没有自己的文字，她们的服饰图案起了记录的作用，所以苗族刺绣又有"穿在身上的史书"和"穿着的图腾"的说法。

该件绣品（图119）以黑色为地，上以白色、黑色和不同深浅、不同色相的蓝色、红色及绿色等绣线绣出图案，花纹细密柔和，配色清新雅致。图案主体为九个太阳，中间一个大太阳，四周八个小太阳，太阳中绣有动物和花卉等图案，大太阳中为一只环绕着花卉的蜘蛛，大太阳的光芒呈花瓣形，小太阳的光芒以细线绣出。这种太阳纹背带为广西三江一带流行的样式，图案的背后有一个侗族人的创世传说。侗族《祖源歌》称，古时洪水泛滥，创世女神"萨天巴"用自己的眼睛化作九个太阳烘干了洪水，拯救了万物和人祖姜良、姜妹兄妹。"萨天巴"是天上的太阳，在地上的化身则是金斑大蜘蛛，侗族人称蜘蛛为"萨巴隋俄"，即蜘蛛祖母，是儿童的保护神。侗族人把出门见到蜘蛛看作平安喜庆的吉兆，有些地方在新婚夫妇的床铺四角，要分别放置用布包裹的蜘蛛，寓意求子求福。侗族的母亲将太阳和蜘蛛绣在孩子的背带上，祈求神灵保佑自己的儿女能逢凶化吉，健康成长。

该件绣品（图120）以黑色为地，上以红色、黄色、橙色、蓝色、白色和黑色等绣线绣出图案，并镶嵌料石亮片。绣品中央的圆形图案是月亮花，橘黄地上有龙纹，四周绣有花卉和动物之类，四角是铺天盖地之势的参天榕树。广西多千年古榕，四季常青，盘根错节，如同巨龙戏珠。侗族崇拜榕树，侗族称榕树为"龙树"，

▲ 图 119　蜘蛛太阳纹刺绣背带

相传龙树原来长在月亮上，月亮没有龙树就不会发出光芒，龙树是庇护孩子的神树。在侗族创世神话中龙是侗族先祖姜良、姜妹的兄长，是侗族的保护神。这种将月亮花和榕树组合在一起样式普遍见于都柳江一带。

▲ 图 120　榕树月亮纹刺绣背带

（三）戏曲故事

自宋代以来，戏曲便成为民间社会生活中最为普及的一种艺术活动。戏曲流行和各地的风俗人情和节日活动紧密联系，逢年过节、春前秋后、迎神赛社、城乡庙会、婚丧嫁娶和礼仪祝寿都是戏曲绽放异彩的时候。戏曲曾是传统社会主要的娱乐方式，在民族文化生活中有重要的作用。戏曲源于民间，观众也以农民、市民以及其他平民大众为主。民间百姓爱戏可以达到如梦如痴的境界，如在山西曾有"宁肯不坐天下，也不能误了存才挂画"和"看了杨琏旦，三天忘吃饭"之说。

戏曲和刺绣共存于民间，民间性既是两者的共同特点，又是它们相互联系的深厚基础。我国戏曲剧种众多、剧目丰富、题材广泛、表演精湛，深受百姓的喜爱，我国刺绣历史悠久、传统深厚、工艺成熟、运用广泛，是民间最为常见的一种创作方式，所以戏曲题材在民间刺绣中流行存在其必然性。刺绣者从民间乡里演出的戏曲中得到了启示，把自己喜爱的戏剧人物和故事绣制在生活用品上，不仅是对戏剧人物和故事的回味，同时也反映了图案的象征寓意。另一方面，这些经过艺术化处理的带有戏曲中人们所喜爱或熟悉的人物形象和剧情场景的刺绣伴随着人们的日常生活走进千家万户会让戏曲在更大的空间里流传。

民间刺绣和女性生活的环境有密切的关系，从民间刺绣采用的戏曲题材可以看到社会传统对女性教化的一面，同时，刺绣又是与女性心灵相通的艺术，反映其情感与意识，从民间刺绣采用的戏曲题材又可以看到女性对社会传统，尤其是不平等社会传统的反抗。

从历史上看，儒家文化的思想，一直在传统文化中占据主要地位，儒家主张的"仁爱"、"礼"、"三纲五常"、长幼有序、男尊女卑、忠君报国、舍生取义和贞德孝守等内容逐渐成为人们自觉遵守的行为规范，一般民众已习惯运用道德伦理的眼光来评判是非、审度善恶和区分美丑[1]。从民间刺绣采用的某些戏曲题材来看，中国传统文化具有的浓厚伦理和道德色彩也体现在刺绣中。刺绣者用已形成的传统道德伦理的眼光挑选了某些宣扬传统伦理道德立意的戏曲故事作为创作的题材，在刺绣创作的过程中再次接受传统伦理道德的教化，待刺绣完成以后对观者而言也同样具有教化的意义。身为刺绣创作主体的女性在社会传统中潜移默化地接受着社会传统的教化并客观上充当社会传统教化者的角色。

例如民间刺绣上常见以"王祥卧冰""郭巨埋儿""杨香打虎"和"鹿乳奉亲"为代表的二十四孝主题刺绣，根据戏曲《白蛇传》和神话《宝莲灯》的故事情节制作的绣品的备受欢迎在一定程度上也体现了女性对下一代的寄托。以《二进宫》《九曲桥》和《苏武牧羊》等戏曲为主题的刺绣教导人们要忠君报国，以"桑园寄子"和"艾千传信"等戏曲故事为题材的绣品则告诉人们要知恩图报、舍生取义。

有些戏曲反映了女性潜移默化地接受着传统伦理道德对妇女的教化，如《桑园会》《白兔记》和《双官诰》等。这些反映女

---

① 王海霞. 透视: 中国民俗文化中的民间艺术. 西安: 太白文艺出版社, 2007: 9-10.

性贞德守节的题材在民间刺绣上也比较常见，这些故事教导妇女要从一而终、贞德守节，守节最后都能有好的结局如王宝钏那样"大登殿"或王春娥那样"双官诰"，不贞德守节的女子会为人所唾弃并且结局往往都可悲，如《双官诰》中的大娘和二娘最后一样。

昔日中国的旧式婚姻制度是一种复杂的文明结晶体。就其性质来说它全然是宗法统治的包办婚姻，就其外在形式来说它具备一套套复杂的礼俗仪轨。底层男女青年自由恋爱的追求与强大的封建礼教势力压迫之间那种深刻的历史性的悲剧矛盾是延绵不断的①。而从男女的社会地位来看，经过了封建社会的漫长岁月，"男尊女卑"的思想依然根深蒂固，甚至被看作天经地义，两汉以来形成的"三纲五常"规定妻子只能服从丈夫，男权占绝对统治地位。在漫长的岁月里，女性受到的压迫是深重的，除自身的坚毅和隐忍外，她们也需要借助一些可能的方式宣泄内心的不平。从民间刺绣采用的某些戏曲题材来看，女性对旧式的婚姻制度和男尊女卑的社会习俗确实存在一定程度的不满与反抗，体现了她们抗礼教、谋幸福、反男权、求平等的思想和愿望。

民间刺绣中采用的许多戏曲题材反映了女性对恋爱自由和婚姻自主的渴望，如一见钟情，互生爱慕类型的题材"游湖借伞""梵王宫"和"拾玉镯"等，情深义重，不离不弃类型的题材"卖水记""梁祝"和"霸王别姬"等，都反映了女性对爱情和美好姻缘的向往。"西厢记"和"天河配"等题材则看到了青年男女为争取美满婚

---

① 张道一. 中国的女红文化 // 中国女工：母亲的艺术. 北京：北京大学出版社，2006：21-22.

姻而做出的努力。而"双锁山""穆柯寨"和"百花赠剑"这样的题材则从两性的角度进一步突出了女性争取婚姻自主的愿望。"苏小妹难新郎"是女性争取在婚后生活中提高自己地位的尝试，或可视为对男权的一次抗衡，"桑园会"明确表达了对男权的不满与反抗，"断桥""罗章跪楼"等更是反映了女权与男权和传统的对抗。此外，还有一些戏曲故事以歌颂巾帼英雄为主题，如"连环计"中的貂蝉，"昭君出塞"中的昭君，"百花点将"中的百花、"穆桂英挂帅"中的穆桂英、"木兰从军"中的花木兰等。这些故事都表明了女子希望提高自己的社会地位，在社会事务中能与男子平分秋色的愿望，或可以视为一种潜在的女权意识。

从民间刺绣采用的戏曲题材来看，大略可以分为四种情况：其一，表达对恋爱自由和自主婚姻的向往；其二，宣扬孝道，表达对下一代的寄托；其三，宣扬传统的忠义气节、伦理道德；其四，表达对某些足智多谋或英勇善战的戏曲人物的钦佩和喜爱。

1. 婚恋主题

（1）白蛇传

"白蛇传"题材在民间刺绣中运用极多，分别表现"游湖借伞""盗仙草""水漫金山""断桥"和"祭塔"等情节，此外有些刺绣图案只表现"白蛇传"人物并不交代具体情节（图121）。

图121a表现的是"游湖借伞"。亭内两位女子为白蛇和青蛇，小姐打扮的为白蛇，丫头打扮的为青蛇，她们挥手示意许仙靠岸。

许仙撑伞驾舟，似乎听到了岸上的呼声，正回头观望。

图 121b 表现的是"端阳惊变"。扬袖作惊吓状男子为许仙，蛇为现形后的白蛇。

图 121c 表现的是"盗仙草"。白蛇与鹤童各持兵器作搏斗状，两人头部加绣两道曲线，曲线内为一条白蛇和一只仙鹤，表明白蛇、鹤童的身份。

图 121d 表现的是"斩蛇释疑"。斩蛇女子为白蛇，背后加绣两道曲线，线端现一条白蛇表明其身份。惊慌失措男子为许仙。

图 121e 表现的是"水漫金山"。端坐寺中的男子为法海，其后两位男子衣色青者为许仙，戴僧帽者为一沙弥。寺庙下，白蛇和青蛇肩负双剑驾舟而来。

图 121f 表现的是"断桥"。戴渔婆罩①，手持双剑劈向男子者为青蛇，男子为许仙，中间女子为白蛇，一手握住青蛇，一手示意许仙赔礼求免。

图 121g 表现的是"祭塔"。状元打扮男子为许仕林，作拜祭姿势；塔内女子为白蛇，塔顶冒一团烟云，云内现一条白蛇，表明白蛇身份。另有一随从，手撑华盖站立在许仕林身后。

---

① 　像草帽圈，绸制，四周缀以风毛穗或小珠串，正中有一大绒球。一般为渔女、村姑用，虞姬也用。

<table>
<tr><td>a</td><td>b</td><td>f</td></tr>
<tr><td>c</td><td>d</td><td>e</td><td>g</td></tr>
</table>

图 121　《白蛇传》戏曲故事纹绣品

（2）蝴蝶杯

明时，总督卢林之子卢世宽率家奴游龟山，强买娃娃鱼不遂，打死渔翁胡彦，江夏县令田云山之子田玉川路见不平打死卢世宽。卢府捉拿凶手，田玉川为胡彦之女凤莲所救，以蝴蝶杯为聘，于舟中与凤莲互定终身。凤莲持杯至二堂认亲，恰遇卢总督捉拿田玉川无着，至县衙问罪田云山。凤莲遂闯堂辩诬，以父冤辩服三司。田云山获救。后田玉川化名雷全州助总督卢林御敌获胜，卢感恩，将女凤英许配于他。洞房中，玉川说明实情，卢氏父女后悔莫及，终使凤莲和凤英同嫁玉川。

绣品通常表现"赠杯""验杯"和"洞房"三个情节。

图 122a 上男子为田玉川，女子为胡凤莲，表现田玉川将蝴蝶杯赠予胡凤莲的情景。绣品以蝶代杯，是富有浪漫色彩的表现手法。两人立于舟上，下有波浪，交代故事发生的地点。左右各有兰、竹一株，与剧情无关。

图 122b 表现胡凤莲持蝴蝶杯至田府认亲，田知县夫妇验杯的情景。田知县夫妇坐在桌子的两侧专心注视桌上发生的景象，桌上有一壶、两杯，其中一个杯子杯中升起袅袅轻烟，轻烟中有翩翩起舞的彩蝶三只。

图 122c 表现的是田玉川和卢凤英成亲日洞房内的情景。穿褶子[①]、戴文生巾[②]，坐于案旁支肘而眠的男子为田玉川，帐帷下掀帘女子为卢凤英，有窥视之意。人物周围环绕以牡丹等花卉。

---

① 戏曲服装。一种斜领长衫，阔袖、肋下无摆。小生穿褶子多是儒生文士。
② 小生巾的一种，又叫公子巾，书生公子用。缎制软胎，绣五彩纹，顶圆中凸，自帽顶至两侧有如意头硬边作为装饰，背后垂有飘带两根。

a | b
---
c

图 122 《蝴蝶杯》戏曲故事纹绣品

（3）火焰驹

北宋时，北狄反，奸臣王强因与李寿不和，遂荐李寿之子彦荣挂帅出征，自做运粮官。彦荣虽屡次胜敌，终因粮草不济被困北狄。王强趁机诬其投敌。李寿被囚入狱，家产抄没。彦荣弟彦贵投岳父黄璋求助，黄见李家被抄，昧却婚事。黄女桂英见彦贵流落大街卖水度日，遂与丫鬟梅英暗约彦贵花园赠金。黄璋闻之大怒，杀死梅英，嫁祸彦贵，官府受贿，将彦贵问成死罪。桂英闻讯连夜赴刑场与彦贵相见，路遇彦贵母嫂。李母杖责桂英，并斥其父女同谋。后经桂英说明详情，婆媳同赴刑场。马贩艾千，闻李家冤案，乘名马"火焰驹"急赴边关给彦荣报信。彦荣得报领兵还朝，劫刑场，杀王强，全家团圆。

绣品主要表现"花园卖水"和"艾千传信"两个情节。

图123a、123b、123c 表现的是"花园卖水"。图123a 园内两位女子为小姐黄桂英和侍女梅英，园外男子为卖水倦了正在休息的李彦贵。桂英示意梅英将彦贵引入花园相会。

图123b 表现梅英将李彦贵引入花园的情景。挑水桶男子为李彦贵，台阶上一手挥扇作召唤引路状女子为梅英，园内等候女子为黄桂英。

图123c 省略了梅英，表现黄桂英与李彦贵花园相会的情景，花、树等点明故事发生的地点。绣品上部绣有凤凰和牡丹，和故事主题相吻合。

图123d、123e 表现的是"艾千传信"。图123d 所示绣品左侧艾千持马鞭策红马而来，红马即名驹"火焰驹"，中间插双翎男子为李彦荣，身后插双翎女子可能是李彦荣之妻，二人作揖相迎。

图123e 表现的内容及形式和图123f 大致相同，但此件上的人物保留了许多戏曲表演时的装扮特点，风格细腻、写实。绣品中间为戏曲故事纹，周围环绕以花卉和老虎、兔子、蟾蜍和蜗牛等动物。

a | b | c
d | e

图123　《火焰驹》戏曲故事纹绣品

（4）梅降雪

宋代，书生蔺孝先赴京应试路经熊耳山，见公孙俭缚一狐狸，心怀恻隐，求公孙俭放之。公孙俭与蔺孝先结为金兰，并以宝衣"梅降雪"相赠，孝先至舅父家中，见表妹貌美思念成疾。狐狸为报旧恩，化为孝先表妹，与之书馆相会，致使表妹蒙冤，孝先被逐。后孝先高中，往熊耳山规劝公孙俭归宋，各封官爵。孝先也与表妹成婚。成婚日，狐立云端说明始末，众疑始释。

图124a 左侧扛伞的男子为蔺孝先，右边头插双翎、手提灯笼的女子为狐仙。女子头顶加绣两道曲线，曲线末端现一只狐狸，表明女子为狐仙所化。女子脚踏祥云，烘托神化色彩。

图124b 中间戴文生巾、穿褶子的书生为蔺孝先，右边一手执手绢、一手挥扇的女子为花艳芳。左侧头插双翎、手挥拂尘，从容自得的女子为狐仙。桌上置有一书、一瓶，暗示故事发生的地点。表现的是狐仙幻化成花艳芳夜访蔺孝先的情景。

（5）穆柯寨

图125a 左为穆桂英，右为杨宗保，两人均插双翎。穆桂英头戴额子、身穿云肩和裌裙，手持大刀；杨宗保头戴盔帽、上穿短衣下着裤，腰间系带，手持长枪。上有字"前世姻缘临阵配"点明主题。

图125b 左为杨宗保，右为穆桂英。杨宗保梳高髻，穿靠和靴。穆桂英头戴额子，上插双翎，挂狐尾，上穿短褂下着裙，兰花指指向杨宗保。人物周围有花卉、山石等和一只口衔花枝的仙鹤。

图125c 上有三人，中间一人为穆桂英，戴额子、插双翎，一手持刀，一手掏翎，作发怒状。右侧为杨宗保，手持长枪作闯山状。左侧是穆桂英的侍女，也头戴额子，但不插翎，手持一剑作开打状。有山石、树木交代故事发生的地点，上有字"杨宗保闯山"点明主题。

$\dfrac{a}{b}$　图 124　《梅降雪》戏曲故事纹绣品

前世姻缘配临陈

山閣保宗楊

$$\frac{a \; | \; b}{c}$$

图125 《穆柯寨》戏曲故事纹绣品

（6）七星庙

北宋时，杨滚与佘洪同朝为官，二人相善。两位夫人同时怀有身孕，杨、佘二家遂指腹为婚。后来佘洪生一女名佘赛花，杨滚生一子名杨继业。但佘洪又暗将女儿许婚与崔子建之子崔龙。二十年后，杨滚、崔子建和佘洪为婚约一事起争执。佘洪无计可施，令崔龙与杨继业关下交兵，胜者为婿。两家交战，杨继业杀死崔龙，刺伤佘洪。佘赛花为父报仇，追杨继业至七星庙，被杨继业智擒，二人终成婚。

图 126a 上两人皆插双翎、扎靠旗①，持大刀作打斗状，可能左为佘赛花，右为杨继业。后绣一庙宇点明主题。周围围绕以花卉，并有鱼龙和喜鹊等吉祥图案。

图 126b 上两人基本上保留了戏曲演出时的装扮。插双翎者为佘赛花，无翎者为杨继业，表现了佘赛花追杨继业而去的情景。且有一旗，上有"佘"字，巧妙点题。

图 126c 左侧红衣女子为佘赛花，头戴额子，上插双翎，扎靠旗、挂狐尾，一手掏翎一手持枪。右侧黑衣男子为杨继业，也扎靠旗，持枪，作打斗状。有建筑交代故事发生的地点。上有字"七星庙"点明主题。

---

① 靠旗是将帅的标志，多为三角形，从古代军队的令旗演变而来。

图 126 　《七星庙》戏曲故事纹绣品

$$\frac{a \mid b}{c}$$

（7）桑园会

春秋时，鲁国人秋胡在楚国为官二十余年，因思念老母辞官回家。途中在桑园遇见正在采桑的妻子罗敷。多年不见，罗敷已不识夫，秋胡亦不敢贸然相认。秋胡以代己送信为由调戏罗敷，以试其贞，罗敷愤然逃走。秋胡回家，罗敷方知刚才调戏自己的原来是离别多年的丈夫，羞愤之下引颈自缢，秋胡母子忙将她救下。秋胡母怒责秋胡，并命儿向媳赔礼，夫妻和好。

图127a 右侧手持马鞭的男子为秋胡，左桑树下手持一锄者为罗氏，罗氏低头，似有羞愤之意。手上有一篮，点明"采桑"。

图127b 左侧手托元宝的长须男子为秋胡，右侧肩挑一篮欲拂袖而去的女子为罗氏。两人身后有一矮小的桑树，点明故事发生的地点。表现秋胡以元宝戏妻遭拒的情景。

图127c 上罗氏肩挑一篮，秋胡手持马鞭，两人中间有一个元宝，暗示秋胡以元宝戏妻。人物两侧一为桑树、一为松树。

a｜b｜c　　图127　《桑园会》戏曲故事纹绣品

（8）拾玉镯

明代时，傅朋偶见少女孙玉姣，二人相互爱慕，傅朋故意丢失玉镯一只以赠玉姣。此事为刘媒婆所见，向玉姣索绣鞋一只，允代为撮合，后几经波折二人终结连理。

图128a 右侧书生模样持扇男子为傅朋，中间红衣女子为孙玉姣，她一手以袖掩面，有羞涩之意，一手持玉镯，伸向傅朋，欲将玉镯归还傅朋。左侧黑衣女子为刘媒婆，一手持扇，一手持烟杆。

图128b 表现的内容及形式和绣品一大致相同，孙玉姣欲将玉镯还给傅朋，刘媒婆藏在树后，有窥视之意。人物周围加绣花卉和禽鸟。

图128c 只表现了傅朋和孙玉姣两人。两人的动作和神态和上述两件绣品非常相近，傅朋紧追不舍，孙玉姣一手以扇掩面，一手持玉镯递给傅朋，有羞涩推辞之意。

a | b | c　　图128　《拾玉镯》戏曲故事纹绣品

（9）双锁山

北宋初，赵匡胤与元帅高怀德征南唐，兵至寿州（今安徽寿县），被南唐妖道围困。高怀德之子高君宝闻报，持枪上马奔向寿州驰援。当他路经双锁山时，见山寨女英雄刘金定在山下立招夫牌，上写诗句，自夸英勇，自愿招夫。高君宝见牌气恼，将牌打碎。刘金定得报后大怒，下山与他交手，见高君宝青年俊美，愿许终身。高君宝不允，刘金定用法术将他捆住。高俊保不得已应允在解寿州之围救出赵匡胤后与刘金定成婚。

图 129a 表现高君宝路遇招夫牌的情景。穿黄衣、着蓝裤、武生打扮的男子为高君宝，他手持长枪，骑白马而来，被一块牌子拦住了去路，牌子上有"招夫牌"三字。远处有山峰和旗帜等，点明故事发生的地点。

图 129b 表现的内容及形式和图 129a 基本相同，也是表现高君宝路遇招夫牌的情景。此件绣品对细节的刻画更为详尽，但招夫牌上没有"招夫牌"的字样。

图 129c 表现高君宝和刘金定相逢双锁山的情景。着靠、扎靠旗、骑白马的男子为高君宝，戴额子、插双翎、挂狐尾、骑红马的女子为刘金定。二人中间有山，点明故事发生的地点。

图 129d 表现的也是高君宝和刘金定相逢双锁山的情景，对故事发生的场景交代较图 129c 更为详尽。左下山间小道上高君宝策马而来，路遇刘金定的招夫牌而勒马，右上山后是闻讯赶来的刘金定。上有一对相向而飞的小鸟，巧妙烘托了故事的主题。

$$\frac{a\ |\ b}{c\ |\ d}$$ 图 129 《双锁山》戏曲故事纹绣品

（10）苏小妹难新郎

北宋时，苏小妹与秦观喜结良缘，
花烛之夜，小妹拟联句"闭门推出窗前
月"，命秦观对出下联。秦观急不能成句。
苏东坡暗中帮忙，投石入水。秦观感悟，
对曰："投石冲开水底天。"

图 130a 帐帘下女子为苏小妹，中间
戴文生巾欲入帐帘的年轻男子为秦观。秦
观身后有一水缸，一年长男子手持一石，
望向水缸，表现苏东坡欲借石和水缸点
破秦观的情景。

图 130b 表现内容及形式与图 130c 基
本相同。苏小妹在窗前倚立，与上联"闭
门推出窗前月"相对应，秦观望向水缸，
暗示下联"投石冲开水底天"呼之欲出。

图 130c 窗前女子为苏小妹，水缸旁
带文生巾、穿褙子的男子为秦观，屋后藏
着的年长男子为苏轼，手持一石，欲投
向秦观身旁的水缸。窗下两女子为侍女。

图 130 《苏小妹难新郎》戏曲故事纹绣品
$\frac{\frac{a}{b}}{c}$

（11）天河配

图 131a 表现牛郎和织女七夕鹊桥相会的情景。左侧红衣女子为织女，双手伸向牛郎和儿女；右侧黄衣男子为牛郎，肩挑一对孩童。四人脚下是喜鹊搭起的鹊桥，并有祥云环绕。这件绣品上孩童不像其他作品表现的那样盛放在箩筐里，较为特别。

图 131b 表现牛郎和织女相遇的情景。左侧红衣女子为织女，乘祥云翩翩下凡来，手中捧的可能是布帛；右侧骑牛蓝衣男子为牛郎，背后有一顶草帽。牛郎织女互相对望，中间有飞舞的彩蝶两只。

图 131c 表现董永得中状元后途经禹梁桥，织女将在天宫所产之子还给董永的情景。右侧织女怀抱婴孩驾云而来，左侧紫衣男子董永伸手欲接过织女手中的婴孩。上有字依稀是"禹梁桥"。

图 131d 表现天仙送子的情景。左侧织女怀抱婴孩和侍女一同驾云而来，右侧玉梁桥上状元打扮的董永双手作揖向织女行礼。董永身后有一随从，手持华盖。董永头上还有一只蝙蝠，寓意"福从天降"。

$\frac{a\ |\ b}{c\ |\ d}$ 图 131 《天河配》戏曲故事纹绣品

（12）西厢记

绣品主要表现张生和莺莺佛殿相逢和
"待月""拷红"两个情节。

图132a上梳双髻、穿黑色坎肩的女子
为红娘，红娘身后插步摇、着红衣的女子为
莺莺，树下殿前持扇书生为张君瑞，表现的
应该是张生与崔莺莺佛殿相逢一见倾心的情
景。上有字"张生戏莺莺"点明主题。

图132b表现"待月"情节。园内女子
为莺莺和红娘。莺莺以袖掩面，有羞涩之意，
红娘手持一扇，指向近墙一石，示意张生踩
石跳墙。红娘旁有一香几，上置一香炉，点
明待月焚香。

图132c表现的依然是张生跳墙的情景。
园内焚香的两位女子为莺莺和红娘，墙角下
窥视的男子为张生，上绣文字与唱词有关。

图132d表现的是"拷红"情节。左侧
老妪为老夫人，坐在椅上，手持一鞭，作拷
问状；右侧女子为红娘，双膝屈地，似有辩
解之意。

图132e表现的依然是老夫人拷打红娘
的情景。右侧老夫人端坐在椅上，一手持鞭
条，作拷打斥责状，左侧红娘双膝跪地。

a	d
b	e
c	

图 132 《西厢记》戏曲故事纹绣品

2. 孝养主题

（1）白兔记

五代时，刘知远至并州投军，一去十六年杳无音讯。刘妻李三娘因兄嫂逼嫁不从，受尽折磨。一日，李三娘与其子咬脐郎在井台相遇，三娘向其诉说十六年前磨坊产子与窦老送子的经过，并让咬脐郎带血书给刘知远，表现她企盼夫妻早日团聚的心情。

绣品表现咬脐郎和李三娘井台相遇的情景。

图 133a 骑马者为咬脐郎，一手持弓，行至井台。井台前有一奔跑的白兔，白兔附近有一女子，为李三娘。地上的水桶和扁担表明她为打水而来。此件绣品将咬脐郎井台遇母的场景交代清楚。

图 133b 左侧骑马男子为咬脐郎，右侧肩挑扁担的女子为李三娘。两人中间有一井台，地上有一对水桶，一只在井台附近，另一只在李三娘身后。三娘身后还有一只黑色的兔子。从李三娘引一线，线的末梢曲线中现一孩童，将李三娘遇到并认出咬脐郎的情节形象地表现了出来。上有字点明主题。

图 133c 左侧女子为李三娘，地上有扁担和水桶，三娘脚下奔来一只白兔，持弓少年为咬脐郎，循白兔而来。

图 133d 右侧黑衣女子为李三娘，手持扁担，地上有水桶，回首观望思索状。左侧一黄衣男子持弓策马而来，男子向三娘挥手，有呼唤之意。

a	b
c	d

图 133 《白兔记》戏曲故事纹绣品

（2）宝莲灯

图 134a 表现沉香劈山救母的情景。右下绿衣女子为三圣母，坐在山石内，山石外蓝衣童子为沉香，抡起斧头作劈山状。山石上长有松树、花草，远处有建筑，上有祥云。

图 134b 表现的也是沉香劈山救母的情景，对事物的表现较为简单但有字"劈华山"点明主题，图案生动活泼，充满童趣。

图 134c 表现的是三圣母和刘彦昌相遇的情景。左侧红衣女子为三圣母，掌灯（宝莲灯）驾云而来，与其身份相吻合，右侧男子为刘彦昌。人物周围环绕以花卉和彩蝶，烘托故事主题。

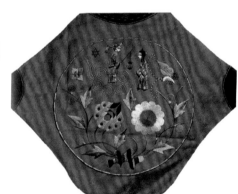

图 134　《宝莲灯》戏曲故事纹绣品

（3）郭巨埋儿

图 135a 右侧手持锄头男子为郭巨，左侧红衣女子为郭巨之妻，怀抱孩童。人物周围环绕以花枝和桃枝。

图 135b 右侧锄地男子为郭巨，地上有元宝出现，郭巨身后郭巨之妻抱孩童一旁观望。地上有野草，远处有群山，山上有草木和建筑。

图 135c 右侧弯腰锄地男子为郭巨，地上有一物，可能是元宝。左侧红衣女子为郭巨之妻，背着孩童一旁观望。人物周围加绣花卉。

$\dfrac{a \mid b}{c}$　图 135　《郭巨埋儿》戏曲故事纹绣品

（4）鹿乳奉亲

图 136a 右侧男子为郯子，身披鹿皮单膝跪地作求免辩解状；左侧持弓男子为猎人。郯子脚边地上还有一小罐，是郯子盛鹿乳之物。另外还加绣蝈蝈、禽鸟、祥云和花卉等物品。

图 136b 右下角蓝衣男子为郯子，身披鹿皮双膝跪地作求免状。左侧两人不知何故不似猎人而似出行的官员和随从，官员戴幞头、着红袍、骑白马，随从撑华盖，并可见一面旗帜。远处有亭台楼阁和群山。

图 136　《鹿乳奉亲》戏曲故事纹绣品　　　a|b

（5）双官诰

明景泰年间，杜陵书生薛衍赴开封求官，在旅店遇冯谦生病，将之医好，冯谦拜薛衍为师，并以师名行医度日。薛衍来到开封，帮助府尹料理政务。一日，薛衍伴驾景泰帝巡察，逢番将劫掠，失陷于番邦，杳无音信。冯谦行医时坠马身亡，家人误报薛家，老仆薛保扶枢还乡。大娘、二娘席卷家财各自改嫁，只有三娘领二娘之子薛倚哥，以织锦编履度日，并抚育倚哥读书。一日，倚哥受同学讥讪，回家后不用功读书受到三娘责罚。倚哥讥三娘非其生母，三娘悲痛断机。老仆薛保归来劝慰，并同三娘一起向倚哥说明情况，于是倚哥醒悟，发奋读书。十余年后，薛衍因护驾巡边有功，授官荣归，倚哥亦中状元，衣锦还乡。三娘王春娥受到夫、子双重"官诰"，还被封为"贞节夫人"，建坊旌表。

绣品主要表现"三娘教子"和王春娥受到夫、子双重"官诰"的情景。

图137a 上的女子为王春娥，老者为薛保，童子为倚哥。倚哥俯首跪地，薛保单膝屈地，以身体护倚哥，并扬一袖护头；王春娥手持一鞭，一手指向薛保，似在指责薛保不应护着倚哥。地上洒落一书，点明王春娥为读书一事责打倚哥。王春娥身后有一椅，上挂布匹，暗示"断机"。

图137b 表现的也是王春娥断机教子的情景。右侧织机前端坐的女子为王春娥；中间跪在地上读书童子为倚哥，倚哥头上有一物，可能是鞭条。左侧手挂拐杖匆忙赶来的白须老者是薛保。门、砖石等表明故事发生的地点。

图137c 为一对暖耳，图案大略相同，表现的均是王春娥教

子的情景。王春娥端坐椅上，倚哥跪在地上，三娘手持一物正在教导倚哥。周围加绣祥云和小草。

图 137d 表现的是王春娥受到夫、子双重"官诰"的情景。左侧穿青衣，戴云肩，端坐在椅上的女子为王春娥，膝下跪地行礼男子为高中后的倚哥，倚哥身后带官帽男子为薛衍。王春娥身后手挂拐杖者理应为薛保，但这里像是一老妪。上有喜帐，帐上有字"双官诰"点明主题。

图 137e 表现的也是王春娥受到夫、子双重"官诰"的情景。左侧端坐在椅子上的青衣女子为王春娥，膝下跪地状元打扮的男子为倚哥，他手捧金冠欲交与王春娥。倚哥身后戴官帽、着官服作揖行礼男子为薛衍。人物两侧有柳树和松树，上有红日、祥云和远山。

a | b | c
d | e

图 137 《双官诰》戏曲故事纹绣品

（6）四郎探母

绣品主要表现"坐宫"和"见娘"两个情节。

图138a 右侧插双翎、挂狐尾、戴云肩端坐在椅上的女子为铁镜公主，公主一手捧令箭，一手示意推辞。左侧着黄褂、配宝剑作揖行礼的男子为四郎。绣品表现的是四郎拜谢公主为其盗得令箭的情景。

图138b 表现的也是"坐宫"一情节。左侧铁镜公主怀抱婴孩，一手持令箭作欲交与四郎状；右侧四郎冠插双翎、挂髯，伸手作接令箭状。人物周围加绣花卉。

图138c 表现的是四郎探母的情景。右侧老妪为佘太君，手拄龙头拐杖，端坐在椅上；左侧单膝跪地行礼男子为四郎。二人中间有一花瓶，瓶中有牡丹，牡丹上有彩蝶，佘太君前还有佛手，皆是寓意吉祥的图案。

图138d 表现的也是四郎探母的情景。右侧佘太君端坐在椅上，身后有一侍女，也或许是杨家其他女眷；左侧着黄褂挂髯男子为杨四郎。

图138 《四郎探母》戏曲故事纹绣品　　a｜b / c｜d

（7）王祥卧冰

图 139a 中间裸身横卧的童子为王祥，身下有鱼两尾，并可见波浪。池塘边有莲花和松树等，松树上挂着他的衣裤和鞋靴。岸边另有一蓝衣女子，可能是朱氏。

图 139b 绿衣童子为王祥，下有大鱼一尾，并有水波和水草，表现王祥卧冰冰融后鲤鱼跃出的情景。上有字"王祥卧鱼"点明主题。

图 139c 童子为王祥，裸上身仅着裤横卧在冰面上。旁边有鱼篓一只，暗示他为鱼而来。冰下有游鱼两尾，并可见波浪和水花。上有祥云和红日。

图 139　《王祥卧冰》戏曲故事纹绣品

| a |
| b | c |

（8）杨香打虎

晋人杨香十四岁随父往田中获粟，父为虎曳去，时香手无寸铁，唯知有父而不知有身，踊跃向前，扼持虎颈，虎磨牙而逝，父因得免于害。

图 140a 中间梳双髻，着蓝衣童子为杨香，俯身挥拳作打虎状，杨香身后男子为杨香之父，作惊慌手足失措状。人物周围有松树、花卉和山石，上有红日和彩云。

图 140b 梳双髻，着蓝衣童子为杨香，一手揪住虎头，一手挥拳作打虎状，神色威严，老虎有仓皇逃窜之意。地上趴着的老年男子为杨香之父。

图 140c 左侧蓝衣童子为杨香，一手抓住老虎的下颚，一手挥向老虎。老虎龇牙咧嘴，尾巴竖起，非常凶猛。上有彩蝶，下有草丛，四周有字"杨香打虎"点明主题。

图 140d 右侧梳双髻，着红衣童子为杨香，举起双手作搏斗或恐吓状；左侧有一只老虎。杨香和老虎中间有字"打救虎父"（正确的顺序应该是"打虎救父"）点明主题，周围环绕以花卉和果实。

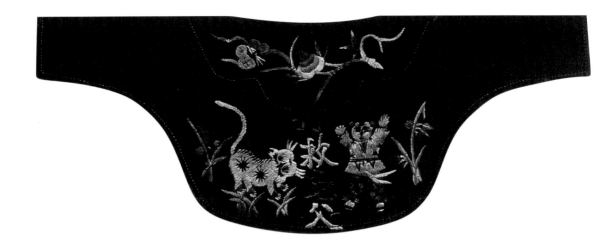

图 140　《杨香打虎》戏曲故事纹绣品　a|b|c / d

3. 忠义主题

（1）伯牙抚琴

图 141a 松树下着蓝衣，雅士模样男子为俞伯牙，正在悉心抚琴。上有红日和云彩。

图 141b 右下角船舱内抚琴雅士模样男子为俞伯牙。船头有一童子正在烧水。船上挂着旗帜等物，船下波涛汹涌。岸边有一棵树，树干上倚一樵夫模样男子，正在专心听琴，旁边还放着一捆柴。

a | b　　图 141　《伯牙抚琴》戏曲故事纹绣品

（2）二进宫

明穆宗驾崩，太子尚幼，其母李艳妃垂帘听政。李妃之父李良试图篡位，蒙骗李艳妃，命她让帝位于父，定国公徐延昭和兵部侍郎杨波在龙凤阁极力谏阻，李艳妃却执迷不悟，君臣争辩后不欢而散。徐延昭见谏阻无效，只得去皇陵哭拜，恰逢杨波率子弟兵来护陵，二人会合，共商保国大计。李艳妃让位后，李良封锁了李艳妃居住的昭阳院，李妃始悟其奸，但为时已晚，只落得独自悔叹。此时徐延昭和杨波又二次入宫求见，李妃十分感动，以太子和国事相托。最后杨波领兵诛杀李良，扶太子即位。

刺绣多表现万历登基（抱龙登殿）一幕。

图 142a 中，殿内着黄袍端坐在案后的老年男子为杨波，一手抱婴孩（万历帝），一手持如意或是笏板，左右各有侍卫一名。案前右侧手拿金瓜锤、身穿黑袍的老年男子为徐延昭，左侧女子为李艳妃。上有字"千秋佳话"点明主题。

图 142b 中人物的格局和表现的内容和图 142a 大致相同。杨波抱万历帝端坐在案后，左右各有宫娥一名，桌上放有一物，可能是玉玺。案前左为徐延昭，右为李艳妃。上有字"万历登基"点明主题。

图 142c 中间怀抱婴孩的女子为李艳妃，左侧文臣模样老年男子为杨波，右侧武将模样老年男子为徐延昭，表现两位忠臣第二次进宫救驾的情景。

a | b
　 | c

图 142 　《二进宫》戏曲故事纹绣品

（3）九曲桥

"九曲桥"为"狸猫换太子"中一情节。宋真宗时，李后产子，刘妃生妒，与太监郭槐密谋，以狸猫剥皮换太子，命承御寇珠抛入九曲桥下淹死。寇珠不忍，求计于太监陈琳，乃将太子藏入妆盒，密送八贤王赵德芳处抚养。

图143a表现陈琳偶遇寇珠的情景。寇珠身体前倾，双手捧盒探出桥外，神情犹豫不决。陈琳位于身后，对寇珠的举动表示疑惑不解，背上插一拂尘表明其太监身份。

图143b桥上捧盒女子为寇珠，背上插有拂尘的男子为陈琳，也捧一盒做观望状。另有一匆忙赶来的老年男子，可能是表现郭槐。

图143 《九曲桥》戏曲故事纹绣品　　a|b

（4）连环计

绣品主要表现"貂蝉拜月""小宴"（"谢冠"）和"凤仪亭"（吕布戏貂蝉）三个情节，尤以"貂蝉拜月"和"凤仪亭"为多。

图 144a 表现的是"貂蝉拜月"。红衣女子为貂蝉，正焚香拜月；黄衣男子为司徒王允，做观望状。另有假山、花树等交代故事发生的地点。

图 144b 表现内容及形式同图 144a 基本一致。焚香女子为貂蝉，青烟袅袅；貂蝉身后有假山，假山后窥视的男子为司徒王允。

图 144c、d 表现的是"小宴"。图 144c 右侧年轻男子为吕布，着黄衣、配宝剑，风流倜傥，双手掏翎有调戏之意；红衣女子为貂蝉，背对吕布又回眸顾盼，有引诱之意。屋内案后坐着的老年男子为王允，有假意回避之意。

图 144d 八仙桌后坐着头插双翎的男子为吕布，坐在旁边的老年男子为王允，前面三位女子中间一位为貂蝉，两位为侍女。表现王允邀吕布至府上赴宴吕布和貂蝉相见的情景。

图 144e、f 表现的是"凤仪亭"。绣品 e 红衣女子为貂蝉，背对吕布又回眸顾盼暗送秋波；吕布手掏双翎，心花怒放。周围加绣花卉、蝴蝶、鱼和凤凰等物，和主题相吻合。

图 144f 右侧头插双翎者为吕布，左侧持扇欲掩面者为貂蝉。另绣亭子一角，起点题作用，表现吕布与貂蝉私会凤仪亭的情景。

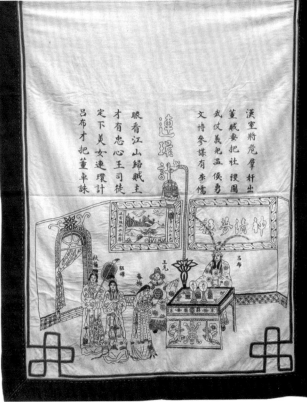

汉室将危肇衅出
董贼要把社稷图
武戊蛮光孟侯勇
文博参谋有李儒

眼看江山归贼主
才有忠心王司徒
定下美女连环计
吕布才把董卓诛

连环计

a	b	e
c	d	f

图 144 《连环计》戏曲故事纹绣品

（5）桑园寄子

东晋时，石氏作乱，邓伯道携子和亡弟的妻、子同逃，不料，弟妻在乱军中失散。
邓伯道携二子行至桑园，体力不支，只能负一子逃亡，因念亡弟之托，乃绑己子邓元于
桑树上，只留下血书一封后负侄邓方逃走。后恰弟妻逃至桑园，救下邓元，认作己子，
携往潼关投亲。适逢邓伯道与侄亦在潼关，一家团圆。

图145a右侧长须男子为邓伯道，背上的童子为亡弟之子邓方，缚在桑树上的童子
为邓伯道之子邓元。邓伯道欲背邓方离去却又回首望儿子，表现了他的悲痛和不舍。邓
元望向父亲，似有悲伤、不平之意。上有字"桑园寄子"点明主题。此件绣品和图145b
所示年画图案表现内容及形式相差无几。

图145 《桑园寄子》戏曲故事纹绣品和年画　　　　a｜b

（6）苏武牧羊

图 146a 表现苏武牧羊的情景。蹲在地上的男子为苏武，手持羊鞭，蜷缩成一团，双手伸入袖笼。旁边有羊数只，正在食草。身后有棵树，叶子寥寥无几，远处是群山。

图 146b 的图案内容及形式和图 146a 大致相同，也是表现苏武牧羊的情景。

a｜b　　图 146　《苏武牧羊》戏曲故事纹绣品

（7）昭君出塞

图 147a 马背上手捧琵琶、头插双翎的女子为王昭君。昭君和白马回首观望，表现了对故土的依依不舍。

图 147b 马背上手捧琵琶、头戴风帽、身穿云肩和长褂的女子为王昭君，作回首观望状。马后有一送行的侍女，手捧托盘，托盘上有一物，似是酒杯。

图 147c 马背上手捧琵琶的女子为王昭君，也是回首观望状。马前一随从手持马鞭，作赶马状。马后一侍女为昭君撑华盖。

a | b
  | c

图 147 《昭君出塞》戏曲故事纹绣品

（8）醉打蒋门神

"醉打蒋门神"又名"快活林"。武松随公差到了孟州,孟州管营施相公之子"金眼彪"施恩,慕武松英雄好义,便暗中周旋,使他免受犯人之刑。武松后来得知此事,甚为感激。施恩在快活林开了一家酒馆,恶霸蒋门神倚仗张团练势力,强夺酒馆,并打伤施恩。一日,武松酒醉,故意到快活林去寻事。入店后先饮酒,借口说酒不好,打伤了蒋门神卖酒的美妾。蒋门神出门接战,被武松打翻在地,不得已答应了武松提出的三件事:一、将快活林还给施恩;二、在各路英雄前向施恩赔礼;三、立即离开孟州。

图148上跌倒在地的男子为蒋门神;头戴罗帽^①、腰间系带,手举酒坛欲砸向蒋门神的男子为武松。酒坛除作为交代情节的一个道具外,还起暗示故事发生地点的作用。

▲图148 《醉打蒋门神》戏曲故事纹绣品

① 戏曲盔头,由缎料制成,六棱,上大下小。一般民间英雄、绿林人物戴此帽。罗帽又有硬黑、软黑、硬花和软花等不同类型。

4. 智勇主题

（1）黄鹤楼

三国时周瑜为还荆州，设计诓刘备过江，在黄鹤楼上设宴，派兵埋伏在楼下。周瑜逼刘备写退还文约，并嘱咐下属无令箭不得放刘备下楼。刘备被困楼上无计可施，赵云情急怒摔行前诸葛亮所赠竹节，不料竟得刘备下楼所需令箭。二人持令箭下楼。

图 149a 左侧手掏翎子作发怒状男子为周瑜；中间戴皇帽[①]，着蟒袍[②] 的长须男子为刘备，作劝解状；右侧着靠、扎靠旗、武生打扮的男子为赵云，做观望状。

图 149b 表现内容及形式和绣品一基本相同。左侧为周瑜，头插双翎、脚踏一椅作发怒状；中间刘备向周瑜作揖赔礼，刘备身后赵云作戒备状。人物周围加绣鸟、鱼、波浪和花卉等物。

图 149　《黄鹤楼》戏曲故事纹绣品　　　　a｜b

---

① 戏曲盔头，也叫"王帽"或"堂帽"。为剧中皇帝专用礼帽。帽形微圆，前低后高，金底，上铸金龙，缀黄色绒球，后有朝天翅一对，左右各挂黄色大穗。
② 戏曲服装。圆领、大襟、大袖、长及足，满身绣纹：上为云龙，下为海水，为传统戏曲中帝王将相的公服。

（2）空城计

图 150 所示的绣品上城头戴诸葛巾、穿八卦衣 ①，一手持羽扇一手抚琴的长须男子为诸葛亮。旁边有一侍童，梳双髻，着黄衣，作听琴状。

▲图 150 　《空城计》戏曲故事纹绣品

---

① 戏曲服装。黑紫色或宝蓝色的袍服，上绣"八卦"和"太极"图形。为有道术或军事谋略角色穿着，例如这里的诸葛亮。

（3）李存孝打虎

唐末，李克用夜梦飞虎入帐，知为得将之兆，遂出打猎。至飞虎山，遇安敬思牧羊打虎，李大喜，试以武艺，样样精通，因此收为"十三太保"，易名李存孝，授以先锋印。

图 151a 中梳双髻，着蓝衣、腰间系带的童子为李存孝，一手揪住虎头，一手挥掌欲打，老虎被童子制服，显得温顺。周围有草丛，大致交代故事发生的地点。

图 151b 表现的也是李存孝打虎。童子光头，着紫衣蓝裤，挥手扬腿作打虎状，老虎龇牙咧嘴，四爪张开，尾巴上扬，气势凶猛。周围加绣花卉、蝴蝶和山石等物。

图 151　《李存孝打虎》戏曲故事纹绣品　　

（4）哪吒闹海

图152a表现哪吒和龙（龙王三太子）搏斗的
情景。哪吒脚踏风火轮、身披混天绫、一手持乾坤圈、
一手持红缨枪，威风凛凛；龙张牙舞爪，神态凶猛。

图152b表现哪吒闹海的情景。哪吒梳双髻，
一手持乾坤圈、一手持红缨枪，脚踏风火轮。脚下
是汹涌的海水，上有日月彩云，左右两物似是法器。

图152c表现的也是哪吒闹海的情景。哪吒梳
双髻，赤膊裸身，一手挥乾坤圈、一手搅海水；一
龙从水中探出头部，为龙王三太子。岸边有山峦和
草木，右侧山后有一男子，作窥视状。上有字"三
岔河"和"混天绫记"等点明主题。

a / b | c

图152 《哪吒闹海》戏曲故事纹绣品

（5）群英会

图 153a 表现的是"蒋干盗书"。桌旁插双翎、着绿袍男子为周瑜，作支肘假寐状；堂前戴官帽、着蓝袍长须男子为蒋干，持书离座小心移步，神态生动。

图 153b 和图 153c 表现的是群英会人物。左侧戴诸葛巾、穿八卦衣、挂髯、持羽扇男子为诸葛亮；中间带文生巾、穿褶子、持折扇男子为周瑜；右边戴纱帽、着官衣、挂髯男子为鲁肃。有字"群英会"点明主题。

图 153c 周瑜、诸葛亮和鲁肃三人的装扮和图 153b 表现的大致相同。

图 153 《群英会》戏曲故事纹绣品

（6）渭水河

西伯侯姬昌在西岐自立为王，求贤人辅佐朝政。樵夫武吉将门军打死，犯下大罪。武吉请求回家别母后再回来服罪。姬昌念其是孝子，赠其斗米贯钱，限其七日返回，后卜其已死便不再追究。姬昌梦见飞熊入帐，前往郊外射猎以期遇贤。路遇武吉，知其得姜尚之助而避罪，便去渭水河边寻访姜尚，果遇姜尚垂钓，遂请姜尚回朝辅政。

图154a上戴草帽圈①、穿八卦衣，持鱼竿坐立垂钓的白须老者为姜尚；华盖下披斗篷、穿蟒袍、作揖行礼的男子为文王姬昌。撑华盖男子为武吉，文王身后为大将南宫适。后有一车，表明文王乘车而来。

图154b左侧垂钓者为姜尚，中间穿蟒袍作揖行礼者为文王，还有一人可能是姬发也可能是一名随从。另绣有树、河等，简单交代故事发生的场景。

a | b　　　图 154　《渭水河》戏曲故事纹绣品

---

① 形如斗笠的帽饰，规格较大，圆形有圈无顶，套在发髻之上，为渔夫的装束。

（7）西游记

图 155a 表现的是"无底洞"。右侧手舞双刀女子为玉鼠精，女子头顶绣两道曲线，线的末端绣一鼠，暗示女子为鼠精。左侧头戴罗帽、身穿短打衣，腰间系带，手提一棍者为孙悟空。

图 155b 表现的是"三打白骨精"。右侧红衣女子手提一篮翩然而至，女子前手持齿耙猪头模样者为八戒，八戒有相迎之意。八戒身后为唐僧和沙僧，两人均穿僧衣。远处手扬一棍，驾云而来者为孙悟空。

图 155c、d 表现的是"三借芭蕉扇"。图 155c 手持金箍棒，举一足，扬一掌于额前者显然是孙悟空。旁边牛头人身者为牛魔王，牛魔王身后持扇女子为铁扇公主。人物形象活泼，富有童趣。

图 155d 左侧戴罗帽、穿短打衣、手持金箍棒者为孙悟空，举一足，扬一掌于额前，右侧插双翎女子为铁扇，一手提大刀，一手似抛出一物，相连的曲线末端现不明物，可能表现宝扇扇出的风。

$\dfrac{a\ |\ b}{c\ |\ d}$　图 155　《西游记》戏曲故事纹绣品

（8）武松打虎

图 156a 中戴罗帽、着蓝衣、腰间系带男子为武松。一手按住虎头，一手攥成拳头，抡起欲打虎。后面有一棵树作背景，点明故事发生的地点。

图 156b 表现的内容和形式和绣品一大致相同。

图 156　《武松打虎》戏曲故事纹绣品　　　　a｜b

总体而言，民间刺绣的图案取材广泛，既反映了女性这一特殊创作主体的情感和理想，也反映了劳动人民追求幸福吉祥的共同愿望以及对善恶是非的认知和判断，同时也是当时社会生活——例如宗教信仰和戏曲演出的生动写照。

五

民间刺绣的基本针法

中

国

历

代

丝

绸

艺

术

　　刺绣是运针引线的技艺。"针法"指运针之法，然而在很多情况下是依据绣线判断针法，因为刺绣一旦完成，"针"失"法"存，保存此"法"的就是绣线。我国的刺绣在漫长的发展过程中，针法经历了从简单到丰富的过程。总体而言，民间刺绣使用的针法并不复杂，但会按照表现对象质感的需要灵活使用，呈现质朴美观、生动活泼的特点。以下简要介绍十五种民间刺绣的基本针法，每种针法都各有所长，具有不同的表现效果。

1. 跑　针

此为缝纫和刺绣最基本的针法，又称"绗（háng）针"或"拱针"。运针简单，向前横挑，织物两面针脚和间隔相等均匀（图 157）。

▲图 157　跑针

2. 接　针

接针依靠连续的直针纵向相接形成线迹，采用回刺的方法，通常表现为一面针迹为进，另一面为退。

（1）劈　针

劈针是典型的接针，有时甚至将劈针等同于接针。劈针绣纹似闭口锁针〔详见下文"9.锁针"中"（1）闭口锁针"〕，但运针不同。绣针从织物某处刺出后从不远处刺回织物背面，然后从两针之间的绣线中间刺出，同时将绣线一分为二，如此绣好一针（图 158）。织物正面绣线形似锁链，背面绣线为不相连的小短线。正面针迹为进，背面针迹为退。

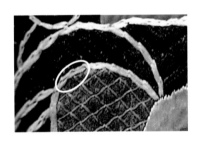

▲图 158　劈针

（2）滚 针

又称"拗针"，运针和劈针相同，但出针的位置不同。滚针的第二针在第一针的三分之一处紧挨着第一针的绣线刺出（并非从第一针的绣线中间刺出），针脚藏在第一针线下。正面针针相逼，绣线紧密相连像是一笔写出（图159），背面绣线为不相连的小短线。

▲图159 滚针

（3）缉 针

又称"切针"或"刺针"，也是一种回刺的针法。绣针从某处刺出后从后面某处刺回，然后从第一次刺出的位置前面某处刺出，拉紧绣线，后面刺回的位置均在前一针出针的位置。织物正面绣线为匀称相接的小短线（图160），织物背面绣线重叠相连为一条直线。还有一种半回的情况，入针的位置在前后两针的中间。

▲图160 缉针

3.平 针

平针的特点是针迹平直，绣线铺于织物表面，排列整齐、均匀，不露地、不重叠。平针适宜于表现平面，完成后表面平整泛丝缕光泽。通常采用多种颜色的绣线绣制，色彩丰富，因此也称为"彩绣"。平针有不同形式，名称也各不相同，常见的有齐针、套针、羼针、戗针和刻鳞针等。

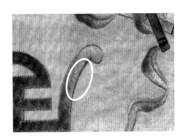

▲图 161　斜缠

▲图 162　套针

（1）齐　针

齐针是平针的基础，特点是齐平匀整，出针与入针均在图案的边缘。按丝理的不同齐针又可分为直缠、横缠和斜缠（图 161）三种，依轮廓方向分别用竖直、水平和斜向的绣线排列运针。

（2）套　针

套针是将不同深浅的色线，前皮①后皮穿插套接，使色彩深浅自然调和过渡的刺绣针法（图 162）。套针又分单套针、双套针和集套针等类型。单套针又称平套针，第一皮用齐针，绣第二皮时开始用套针，第二皮起针位于第一皮的约四分之三处，两针之间要留出一空针的间距，以便套第三皮的绣线，第三皮起针位于第二皮的四分之三处，两针之间同样留出一空针的间距，以下类推，绣至尽头处，再以齐针结束。双套针又称散套针，方法和单套针相同，但套得更深、更紧密，用线也更细，更容易和色，集套针则用于绣圆形②。

---

① 在刺绣小单位中，一个分层绣制的层次称为"一批"，也称为"一皮"。
② 陈娟娟. 活色生香——故宫藏清代刺绣小品（下）. 紫禁城，2004(6): 100.

（3）羼 针

又称"长短针"或"擞和针"。长直针和短直针参错运针，后一针多起于前一针的中间，边口不齐，由里向外漫射式绣制。绣线颜色可以随意变换，由深到浅或由浅入深，按设计思路和色。运针灵活、调色和顺，绣纹写实感强（图 163）。

▲图 163　羼针

（4）戗 针

戗针是用短直针按图案形状分层刺绣的针法。又分正戗和反戗两种，从外缘向内分层绣称"正戗针"（图 164a），从内向外缘分层绣称"反戗针"（图 164b）。绣纹整齐，装饰性强，绣线颜色常由浅到深或由深到浅，晕色效果佳。戗针和套针不同之处在于：第一，戗针针脚短，套针针脚长；第二，戗针两色绣线之间一般留有水路①，相接但不相交，套针交错相交。

图 164　戗针

$\dfrac{a}{b}$　　a 正戗针　　b 反戗针

① 在纹样重叠或相连处空出一线绣地加强装饰效果的做法。

（5）刻鳞针

刻鳞针为表现鳞片的针法，有叠鳞、抢鳞和扎鳞三种。叠鳞采用长直针和短直针套绣，鳞片里面深，边缘浅（图165a）。抢鳞在绣地上直接用戗针绣出鳞片，鳞片间留水路（图165b）。扎鳞先用直针铺底，再用缉针绣出鳞片形状（图165c）。

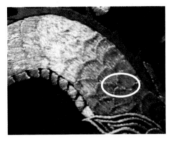

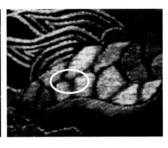

a 叠鳞   b 抢鳞   c 扎鳞

▲图165　刻鳞针

4.扎　针

又称"勒针"，多用来绣禽鸟的脚。先用直针，然后在直针上加横针，绣法如同扎物，故名"扎针"（图166）。

▲图166　扎针

5. 松 针

此法常用来绣制松叶，故名"松针"。除松叶外还可以用来表现其他针状或伞状的树叶和草丛。特点是叶子尖锐葱郁（图 167）。

▲图 167 松针

6. 戳 纱

以方格素纱为绣地，数纱以平针刺绣，绣线平行于绣地的经纬，完成效果类似织锦，所以又称"纳锦"。戳纱又分"满纱"（不露绣地）和"活纱"（留有绣地）两种（图 168）。绣纹色彩明快，图案富有装饰性。满族刺绣中常见此法。

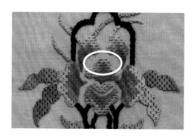

▲图 168 戳纱

7. 挑 花

即十字针。在织物经纬相交处运针，绣线呈斜向交叉的十字，以十字排列组成图案（图 169）。此法操作简单，图案简洁规整，绣品耐用。挑花在我国应用广泛，少数民族地区今天仍然非常流行。

▲图 169 挑花

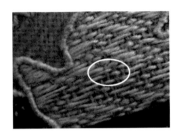

▲ 图170 铺绒

▲ 图171 闭口锁针

8. 铺　绒

又称"挑绣"。操作方法和织锦类似，先均匀排列好竖直的绣线（类似织造中的经线），然后用铺绒线横向挑出花纹（图170）。铺绒主要用于局部图案的变化处理。

9. 锁　针

锁针是我国的一种古老的针法。绣纹由线圈连接组成，形似锁链，因此称为"锁针"，也形似编结的辫子，所以也称为"辫子股"或"辫绣"。锁针绣纹富立体感，视觉效果厚重，绣品结实耐用。

（1）闭口锁针

闭口锁针常用来表现图案的轮廓或较细的线条。绣针由某处刺出后将绣线绕一线圈，然后绣针由刺出处（或附近）刺回，留住线圈，绣针从线圈前端内侧刺出，拉紧绣线绣好一针。正面绣线形似锁链（图171），背面绣线为相接的小短线。

（2）开口锁针

开口锁针运针和闭口锁针相似，但绣针不从刺出处（或附近）刺回而是从刺出处下面的某个位置刺回，同样留住线圈，然后绣针从线圈前端内侧上方刺出，绣线再绕一线圈，绣针从第二个刺出点下面某处刺回，如此绣完一针。正面绣线也形似锁链且锁链较大（图172），背面绣线为平行的短斜线。

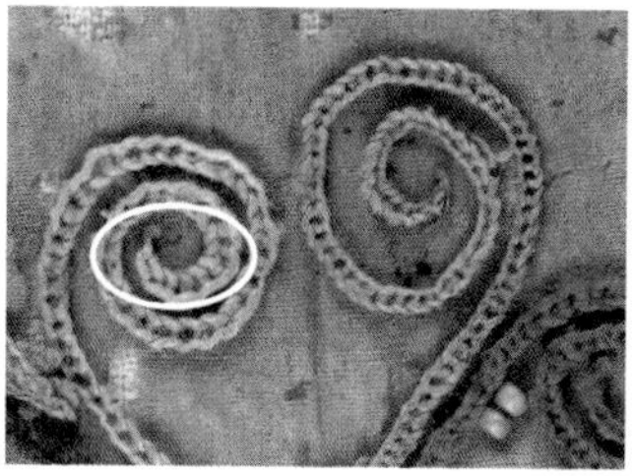

▲图172　开口锁针

10. 打籽针

又称"结子"或"环绣"。在绣地上挽扣，结出一粒粒犹如珍珠的环状小结子。打籽绣以点组成图案，绣纹立体感强。具体又可细分为"满地"和"露地"、"粗打籽"和"细打籽"等类型。打籽针常用于表现绣纹的质感、花卉的花蕊和动物的眼睛等（图173）。

▲图173　打籽针

11. 网　针

又称"编绣"或"格锦"等，是一种将绣线组织成网状结构表现图案的针法。一般先打格线，自图案边缘起针和落针，绣线横竖交叉呈小方格，再打斜线，仍边缘起针和落针然后在每个小格内加绣短直线，最终呈现网状的效果（图174）。

▲图174　网针

12. 钉 针

钉针为固定的针法，运针和平针相似，可视为一种骑马形平针。钉针常用于固定其他绣线或线状物，因此用线一般较细，且要求针脚整齐，间距相等，分布均匀。钉针因固定物不同有多种类型。

（1）钉 线

用较细的线将较粗的线（单线或双线）固定在绣地上以突出纹样的技法（图175）。一般将固定的线称为"钉线"，被固定的线则称为"综线"。

▲图175 钉线

（2）钉 金

钉金是以钉针将金线（或银线）固定在绣地上的技法。图案因使用金银，有光彩夺目的效果。这类金线（或银线）一般以丝线作芯，外缠绕金箔（或银箔），因此称为"捻金线（或捻银线）"。根据用金的多少又可分为"圈金"和"盘金"等类型。

用捻金线强调图案的轮廓称为"圈金"。"圈金"常和平针绣结合，以彩色绣线绣出图案，然后用钉针钉缝捻金线勾边（图176）。这种色彩绚丽，纹饰体积感强绣法在唐代称为"压金彩绣"。也有用金箔条代替捻金线勾边的做法，称为"平金"，同样以钉针固定。

▲图176 圈金

盘金可看作圈金的发展。圈金仅用金线表现图案的轮廓，且常用单根金线；盘金则用金线盘出图案，且可用多根金线。盘金的金线同样以钉针固定。盘金用金量大，绣品华贵，有金碧辉煌的效果（图177）。这种富丽的刺绣唐代又称"蹙金"。

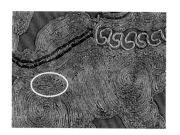

▲图177　盘金

13. 拉锁子

又称"挽针""绕线绣""盘切绣"或"北京针"等。刺绣时需用两针线进行，先用大针引大线缠绕小针一圈形成一个线圈，然后小针引小线将大线的线圈固定。大针引大线至正面后大线仅在正面形成线圈，小针则上下穿刺固定大线，运针方法同缉针。绣纹线条高凸整齐，细密坚实，美观耐看（图178）。

▲图178　拉锁子

14. 穿　珠

穿珠指用针线将颗粒状物固定在绣地上，组成图案，起装饰作用。颗粒状物常为宝石、珍珠和贝壳之类。固定的针法灵活多样，绣纹立体感强，装饰效果强烈（图179）。

▲图179　穿珠

▲ 图 180　补花

15. 补　花

又称"贴绣"或"堆绣"等。先把织物剪成图案所需形状，再沿图案边缘以跑针或锁针等缝缀在绣地上，有凸起的效果。补花有不同的类型，选用的材料不同，立体效果也有差异。"摘绫绣"和"堆绫绣"使用的是绫缎，效果轻薄（图 180）；"包花绣"和"垫绣"（也称凸高针法）在织物内还要填充棉花等，效果饱满。补花操作简单，高效便捷，图案立体效果强烈，装饰性强，在我国民间应用普遍。

　　我国的刺绣历史悠久，在以农耕为基础的社会，刺绣在民间被普遍运用。从其发展来看，民间刺绣经历了一个从简单到丰富的过程，每个阶段又有各自的风格和特点。我国的民间刺绣因地域文化差异而丰富多彩，其中以苏、湘、粤、蜀四地的刺绣最负盛名，另外还有京绣、鲁绣、瓯绣、汴绣、汉绣、晋绣、秦绣和陇绣等绣种。各大绣种在题材、风格、设色和技法上各有所长。此外，刺绣也普遍流行于少数民族地区，形成了特色鲜明的少数民族绣种。就其技法而言，民间刺绣使用的技法总体来说并不复杂，会按照表现对象质感的需要灵活选用，因此，民间刺绣具有质朴美观、生动活泼的特点。

　　民间刺绣的运用非常广泛，袄、褂、裙、裤、肚兜、云肩和马甲等服装均可加以刺绣，此外，服装上独具特色的部件如挽袖、裤腿和马面，遮眉勒、暖耳、遮裙带、鞋子、鞋垫、荷包、涎水围和背扇等物件也常用刺绣装饰。刺绣的门帘、桌帏、苫盆巾、镜帘、枕顶、床帐和幔帐套等除了防尘功能还有美化居室的作用。民间刺绣还有传情达意的功能。刺绣的荷包、裹肚、鞋垫、鞋子、手帕和香囊等都能作为恋爱中的男女的传情之物，为孩子绣制的肚兜、马甲和小帽子等表达了对孩子健康成长的祝愿，送给老人的暖耳、烟荷包和扎裤口用的腿带则表达了对老人的尊敬和祝福。每逢添丁、嫁娶或儿孙满堂同祝天年，家家户户都会制作绣品，绣品上的一针一线都记录了这些时刻的喜悦之情，民间刺绣始终和各地的民俗紧密联系在一起。

民间刺绣的图案多以幸福美好的生活为主题，多来源于民间传说、神祇图腾，以及人们日常生活中的事物，如山水、动物和花卉等。这些素材经夸张、概括后形成特殊的装饰语言。因此，民间刺绣的图案一般都有强烈的象征意义，用一组画面表达吉祥的寓意，表达人们对美好生活的向往。吉祥寓意是民间刺绣图案的重要主题，包括婚姻美满、子嗣延绵、健康长寿和功名利禄等内容。神祇也是民间刺绣的重要题材，体现了人们对神灵的尊崇与敬畏。民间刺绣也反映了百姓对戏曲演出的喜爱。劳动人民在戏曲演出中获得灵感，把自己喜爱的戏剧人物和故事绣制在生活用品上。总而言之，民间刺绣的图案不仅反映了劳动人民追求幸福吉祥的共同愿望和对善恶是非的认知和判断，还生动反映了当时的社会生活。

民间刺绣是劳动人民生活中的鲜活之物，它们率真纯朴、生动活泼，具有浓郁的乡土气息和蓬勃的生命力。然而，随着农耕时代的结束，民间刺绣的制作和使用都越来越少。当代艺术工作者应该结合新工艺，让这一广受喜爱的民间艺术形式焕发出新的活力，得到应有的关注。

Huang Nengfu, He Fei. *Great Treasury of Chinese Fine Arts: Printing Dyeing Weaving and Embroidery*. Beijing: Culture Relics Press, 1991.

Лубо-Лесниченко Е. И. Древние китайские шелковые ткани и вышивки V в. до н.э.- III в. н.э. в собрании Государственного Эрмитажа Каталог. Ленинград: Izd-vo Gos. Ėrmitazha, 1961.

北京大学考古文博学院，青海省文物考古研究所 . 都兰吐蕃墓 . 北京：科学出版社，2005.

北京市文化局文物调查研究组 . 北京市双塔庆寿寺出土的丝棉织品及绣花 . 文物，1958(9)：29.

陈娟娟 . 活色生香——故宫藏清代刺绣小品（下）. 紫禁城，2004(6)：101-107.

重庆市博物馆 . 明玉珍及其墓葬研究 . 重庆：重庆市地方史资料组，1982.

崔荣荣，张竞琼 . 近代汉族民间服饰全集 . 北京：中国轻工业出版社，2009.

大葆台汉墓发掘组，等 . 北京大葆台汉墓 . 北京：文物出版社，1989.

德新，张汉君，韩仁信 . 内蒙古巴林右旗庆州白塔发现辽代佛教文物 . 文物，1994(12)：4-33.

敦煌文物研究所 . 新发现的北魏刺绣 . 文物，1972(2)：54-60.

福建省博物馆 . 福州南宋黄昇墓 . 北京：文物出版社，1982.

高春明.锦绣文章:中国传统织绣纹样.上海:上海书画出版社,2005.

高至喜.长沙烈士公园3号木椁墓清理简报.文物,1959(10):65–70.

耿默,段改芳.民间荷包.北京:中国轻工业出版社,2008.

汉声编辑室.中国女红:母亲的艺术.北京:北京大学出版社,2006.

侯维佳,侯瑞芳,杨景秀.民间刺绣珍赏.沈阳:辽宁美术出版社,2006.

胡大芬,广州绣品工艺厂有限公司.传统广绣针法工艺全集.北京:中国轻工业出版社,2014.

胡蓉,周卫.东北民族民间美术总集(刺绣卷).沈阳:辽宁美术出版社,1995.

湖北省荆州地区博物馆.江陵马山一号楚墓.北京:文物出版社,1985.

湖南省博物馆,中国科学院考古所.长沙马王堆一号汉墓.北京:文物出版社,1973.

黄钦康.中国民间织绣印染.北京:中国纺织出版社,1998.

邝杨华.从民间刺绣戏曲题材见传统与女性的关系.装饰,2009(3):135–136.

李宏复.枕的风情:中国民间枕顶绣.昆明:云南人民出版社,2005.

李宏复.织绣——中国国粹艺术读本.北京:中国文联出版社,2011.

李宏复.中国刺绣文化解读.北京:知识产权出版社,2015.

李肖冰.中国西域民族服饰研究.乌鲁木齐:新疆人民出版社,1995.

李也贞,等.有关西周丝织和刺绣的重要发现.文物,1976(4):60–63.

李逸友.谈元集宁路遗址出土的丝织品.文物,1979(8):37–39.

李友友,张静娟.刺绣之旅.北京:中国旅游出版社,2007.

李友友.民间刺绣.北京:中国轻工业出版社,2005.

李友友.民间枕顶.北京:中国轻工业出版社,2007.

连云港市博物馆.江苏东海县尹湾汉墓群发掘简报.文物,1996(8):4–25.

廖奔.中国戏剧图史.郑州:大象出版社,2000.

逯钦立.先秦汉魏晋南北朝诗.北京:中华书局,1983.

麻国钧,沈亢,胡薇.剧种·剧目·剧人——中国传统戏曲知识简介.北京:大众文艺出版社,
　　2000.

内蒙古文物考古研究所,等.辽耶律羽之墓发掘简报.文物,1996(1):4–32.

潘行荣.元集宁路故城出土的窖藏丝织品及其他.文物,1979(8):32–36.

彭定求,等.全唐诗.上海:上海古籍出版社,1986.

苏州市文物保管委员会,苏州博物馆等.苏州吴张士诚母曹氏墓清理简报.考古,
　　1965(6):289–300.

苏州文物保管委员会.苏州虎丘云岩寺塔发现文物内容简报.文物,1957(11):38–45.

孙建君.中国民间戏曲剪纸.南昌:江西美术出版社,1999.

孙建君.民间刺绣戏曲人物.装饰,2001(3):44–45.

孙佩兰.中国刺绣史.北京:北京图书馆出版社,2007.

田顺新.湘绣.长沙:湖南人民出版社,2008.

王光普,王晓玲.人类童年时代吉祥物:刺绣与荷包.兰州:甘肃人民美术出版社,
　　2002.

王光普,张燕.母亲的针和线:刺绣与香包.兰州:甘肃人民美术出版社,2009.

王海霞.透视:中国民俗文化中的民间艺术.西安:太白文艺出版社,2006.

王金华,孙建君,王连海.中国民间绣荷包.北京:北京工艺美术出版社,1997.

王金华.中国传统服饰绣荷包.北京:中国纺织出版社,2015.

王连海,孙建君.民间刺绣.武汉:湖北美术出版社,2000.

王连海.民间刺绣图形.长沙:湖南美术出版社,2001.

王连海.中国民俗艺术品鉴赏(刺绣卷).济南:山东科学技术出版社,2001.

王宁宇,杨庚绪.母亲的花儿:陕西乡俗刺绣艺术的历史追寻.西安:三秦出版社,
　　2002.

王树村.中国戏出年画.北京:北京工艺美术出版社,2006.

王轩 . 李裕庵墓中的几件刺绣衣物 . 文物，1978(4)：20–22.

王亚蓉 . 中国民间刺绣 . 台北：地球出版社，1986.

王㐨 . 法门寺织物揭层后的保护状况和已揭层部分的初步研究 // 王㐨与纺织考古 . 香港：艺纱堂 / 服饰工作队，2001：120–122.

夏鼐 . 新疆新发现的古代丝织品——绮、锦和刺绣 . 考古学报，1963(1)：45–76.

新疆博物馆出土文物展览小组 . 丝绸之路——汉唐织物 . 北京：文物出版社，1972.

新疆维吾尔自治区博物馆 . 新疆民丰县北大沙漠中古遗址墓葬区东汉合葬墓清理简报 . 文物，1960(6)：9–12.

许绍银，许可 . 中国陶瓷辞典 . 北京：中国文史出版社，2013.

薛雁 . 衣锦环绣——5000 年中国丝绸精品 . 杭州：中国丝绸博物馆，2006.

俞晓群，王露芳 . 中国古代丝绸设计素材图系 • 小件绣品卷 . 杭州：浙江大学出版社，2018.

张道一 . 桃坞绣稿：民间刺绣与版刻 . 济南：山东教育出版社，2013.

张觉民 . 嘉兴民间美术 . 上海：上海人民美术出版社，2004.

张美芳，李绵璐 . 中国织绣服饰全集（刺绣卷）. 天津：天津人民美术出版社，2004.

张青，段改芳 . 山西戏曲刺绣 . 哈尔滨：黑龙江美术出版社，1999.

赵丰 . 纺织品考古新发现 . 香港：艺纱堂 / 服饰工作队，2002：132–173.

赵丰，金琳 . 黄金 • 丝绸 • 青花瓷：马可 • 波罗时代的时尚艺术 . 香港：艺纱堂 / 服饰工作队，2005.

赵丰 . 中国丝绸通史 . 苏州：苏州大学出版社，2005.

赵丰 . 敦煌丝绸艺术全集 (英藏卷). 上海：东华大学出版社，2007.

赵丰，伊弟利斯 • 阿不都热苏勒 . 大漠联珠——环塔克拉玛干丝绸之路服饰文化考察报告 . 上海：东华大学出版社，2007.

赵敏 . 中国蜀绣 . 成都：四川科技出版社，2011.

赵评春，迟本毅.金代服饰：金齐国王墓出土服饰研究.北京：文物出版社，1998.

浙江省博物馆.浙江瑞安北宋慧光塔出土文物.文物，1971(1)：48-53.

镇江博物馆.江苏金坛南宋周瑀墓发掘简报.文物，1977(7)：18-27.

郑同修.北方最美的500件漆器——山东日照海曲汉墓.文物天地，2003(3)：22-27.

中国科学院考古研究所满城发掘队.满城汉墓发掘报告.北京：文物出版社，1980.

中国历史博物馆，新疆维吾尔自治区文物局.天山古道东西风——新疆丝绸之路文物特
    辑.北京：中国社会科学出版社，2002

中国戏曲志编辑委员会，中国戏曲志·陕西卷编辑委员会.中国戏曲志·陕西卷.北京：
    中国 ISBN 中心，1995.

中国戏曲志编辑委员会，中国戏曲志·江苏卷编辑委员会.中国戏曲志·江苏卷.北京：
    中国 ISBN 中心，1992.

中国戏曲志编辑委员会，中国戏曲志·辽宁卷编辑委员会.中国戏曲志·辽宁卷.北京：
    中国 ISBN 中心，1994.

中国戏曲志编辑委员会.中国戏曲志（山西卷）.北京：文化艺术出版社，1990.

中华人民共和国国家文物局与香港特别行政区康乐及文化事务署.走向盛唐.香港：康
    乐及文化事务署，2005.

钟茂兰.民间染织美术.北京：中国纺织出版社，2002.

朱培初.中国刺绣.台北：淑馨出版社，1989.

图序	图片名称	收藏 / 生产地	来源
1	龙虎凤纹刺绣罗衣（局部）	湖北省荆州地区博物馆	*Great Treasury of Chinese Fine Arts：Printing Dyeing Weaving and Embroidery*
2	刺绣男裤裤腿缘边（局部）	新疆维吾尔自治区博物馆	《中国西域民族服饰研究》
3a	刺绣佛像供养人说法图残片	敦煌研究院	《走向盛唐》
3b	刺绣佛像供养人横幅花边残片	敦煌研究院	《走向盛唐》
4	白色绫地彩绣缠枝花鸟纹绣片（局部）	大英博物馆	《敦煌丝绸艺术全集（英藏卷）》
5	棕色罗花鸟绣夹衫（局部）	内蒙古博物馆	《黄金·丝绸·青花瓷：马可·波罗时代的时尚艺术》
6	韩希孟绣《芙蓉翠鸟图》	辽宁省博物馆	《中国织绣服饰全集（刺绣卷）》
7	杨守玉绣《少女图》	苏州大学	《中国织绣服饰全集（刺绣卷）》
8	苏绣《瑶台祝寿图》	北京艺术博物馆	《中国织绣服饰全集（刺绣卷）》
9	湘绣《饮虎图》	中国工艺美术馆	《湘绣》
10	粤绣《百鸟朝凤》	清华大学美术学院	《中国织绣服饰全集（刺绣卷）》

图序	图片名称	收藏 / 生产地	来源
11	蜀绣《芙蓉锦鲤图》	郝淑萍、吴玉英等绣制	《中国蜀绣》
12	京绣五福捧寿纹补子	故宫博物院	《中国织绣服饰全集（刺绣卷）》
13	苗族双龙戏珠纹刺绣衣袖片（局部）	贵州省雷山县生产	《中国织绣服饰全集（刺绣卷）》
14	水族蝴蝶蝙蝠纹马尾绣背扇（局部）	贵州省三都县生产	《中国织绣服饰全集（刺绣卷）》
15	土族团花纹盘绣腰带头（局部）	青海省互助县生产	《中国织绣服饰全集（刺绣卷）》
16	戏曲故事纹刺绣肚兜	中国丝绸博物馆	《衣锦环绣——5000 年中国丝绸精品》
17	龙凤花卉纹刺绣云肩	侯瑞芳、杨景秀等藏	《民间刺绣珍赏》
18	花鸟纹盘金绣马面裙	中国丝绸博物馆	《衣锦环绣——5000 年中国丝绸精品》
19	鱼戏莲、蝶恋花纹刺绣遮眉勒	侯瑞芳、杨景秀等藏	《民间刺绣珍赏》
20	双头猪遮裙带	不详	《刺绣之旅》
21	花卉纹和福寿纹绣花鞋	侯瑞芳、杨景秀等藏	《民间刺绣珍赏》
22	几何花卉和缠枝葡萄纹刺绣鞋垫	江南大学民间服饰传习馆	《近代汉族民间服饰全集》
23a	各种造型、图案和用途的刺绣荷包	侯瑞芳、杨景秀等藏	《民间刺绣珍赏》
23b	各种造型、图案和用途的刺绣荷包	湖南省群众艺术馆	《中国织绣服饰全集（刺绣卷）》
24	花鸟纹刺绣眼镜套	中央民族大学民族博物馆	《中国织绣服饰全集（刺绣卷）》
25	梅花纹刺绣帕袋	侯瑞芳、杨景秀等藏	《民间刺绣珍赏》

续表

图序	图片名称	收藏／生产地	来源
26	婴戏纹刺绣镜囊	美国大都会艺术博物馆	美国大都会艺术博物馆官网 https://www.metmuseum.org/
27	虎头帽	中国丝绸博物馆	《衣锦环绣——5000 年中国丝绸精品》
28	猪头鞋	江南大学民间服饰传习馆	《近代汉族民间服饰全集》
29	布老虎	陕西省千阳县生产	《刺绣之旅》
30	戏曲故事纹刺绣门帘	侯瑞芳、杨景秀等藏	《民间刺绣珍赏》
31	福禄寿三星刺绣桌帏	侯瑞芳、杨景秀等藏	《民间刺绣珍赏》
32	娃娃骑蟾纹刺绣镜帘	山西省生产	《刺绣之旅》
33	九皇盛会刺绣神帐（局部）	侯瑞芳、杨景秀等藏	《民间刺绣珍赏》
34	花卉纹刺绣枕顶	江南大学民间服饰传习馆	《近代汉族民间服饰全集》
35	人物故事纹刺绣帐檐（局部）	四川省博物馆	《中国织绣服饰全集（刺绣卷）》
36	五毒螃蟹刺绣荷包	甘肃省庆阳市生产	《刺绣之旅》
37	花卉动物纹刺绣涎水围	陕西省商南县生产	《母亲的花儿：陕西乡俗刺绣艺术的历史追寻》
38	戏曲故事纹刺绣苫盆巾	不详	《山西戏曲刺绣》
39	戏曲故事纹刺绣幔帐套	侯瑞芳、杨景秀等藏	《民间刺绣珍赏》
40	八仙庆寿纹刺绣寿帐（局部）	侯瑞芳、杨景秀等藏	《民间刺绣珍赏》
41	元宝形刺绣冥枕	不详	《民间枕顶》
42	蝶恋花纹刺绣裤腿	私人收藏	《中国古代丝绸设计素材图系·小件绣品卷》

图序	图片名称	收藏／生产地	来源
43	蝶恋花纹刺绣挽袖	私人收藏	《中国古代丝绸设计素材图系·小件绣品卷》
44	蝶恋花纹刺绣扇袋	私人收藏	《中国古代丝绸设计素材图系·小件绣品卷》
45	鱼戏莲纹刺绣枕顶	不详	《民间枕顶》
46	鱼戏莲纹刺绣暖耳	私人收藏	《中国古代丝绸设计素材图系·小件绣品卷》
47	鸳鸯戏莲纹刺绣挂件	私人收藏	《中国古代丝绸设计素材图系·小件绣品卷》
48	因合得偶纹刺绣枕顶	不详	《民间枕顶》
49	龙凤呈祥纹刺绣荷包	侯瑞芳、杨景秀等藏	《民间刺绣珍赏》
50	萧史乘龙、弄玉跨凤纹刺绣枕顶	侯瑞芳、杨景秀等藏	《民间刺绣珍赏》
51	凤戏牡丹纹绣片	私人收藏	《中国古代丝绸设计素材图系·小件绣品卷》
52	榴开百子纹刺绣苫盆巾	私人收藏	《中国古代丝绸设计素材图系·小件绣品卷》
53	瓜瓞绵绵纹刺绣靠垫	私人收藏	《中国古代丝绸设计素材图系·小件绣品卷》
54	松鼠葡萄纹刺绣枕顶	不详	《民间枕顶》
55	莲生贵子纹刺绣背心	私人收藏	《中国古代丝绸设计素材图系·小件绣品卷》
56	萱草纹绣片	私人收藏	《中国古代丝绸设计素材图系·小件绣品卷》

续表

图序	图片名称	收藏/生产地	来源
57	麒麟送子纹绣片	私人收藏	《中国古代丝绸设计素材图系·小件绣品卷》
58	麒麟吐书纹刺绣枕顶	侯瑞芳、杨景秀等藏	《民间刺绣珍赏》
59	艾虎五毒纹刺绣肚兜	私人收藏	《中国古代丝绸设计素材图系·小件绣品卷》
60	菊石延寿纹刺绣枕顶	吉林省生产	《民间枕顶》
61	松鹤延年纹刺绣枕顶	辽宁省生产	《民间枕顶》
62	灵猴献寿纹刺绣枕顶	辽宁省生产	《民间枕顶》
63	耄耋富贵纹刺绣肚兜	私人收藏	《中国古代丝绸设计素材图系·小件绣品卷》
64	万寿如意纹绣片	私人收藏	《中国古代丝绸设计素材图系·小件绣品卷》
65	指日高升纹刺绣荷包	私人收藏	《中国古代丝绸设计素材图系·小件绣品卷》
66	升官富贵纹刺绣枕顶	吉林省生产	《民间枕顶》
67	功名富贵纹刺绣枕顶	王洪坚藏	《民间枕顶》
68	加官晋爵纹刺绣苫盆巾	私人收藏	《中国古代丝绸设计素材图系·小件绣品卷》
69	平生三级纹刺绣枕顶	吉林省生产	《民间枕顶》
70	连中三元纹刺绣枕顶	姜长淼藏	《民间枕顶》
71	独占鳌头纹刺绣枕顶	侯瑞芳、杨景秀等藏	《民间刺绣珍赏》
72	五子夺魁纹刺绣枕顶	侯瑞芳、杨景秀等藏	《民间刺绣珍赏》
73	太师少师纹刺绣褡裢钱荷包	侯瑞芳、杨景秀等藏	《民间刺绣珍赏》
74	一甲一名纹刺绣枕顶	侯瑞芳、杨景秀等藏	《民间刺绣珍赏》

图序	图片名称	收藏 / 生产地	来源
75	封侯挂印纹刺绣枕顶	侯瑞芳、杨景秀等藏	《民间刺绣珍赏》
76	一路连科纹刺绣枕顶	辽宁省生产	《民间枕顶》
77	鲤鱼跃龙门纹绣片	私人收藏	《中国古代丝绸设计素材图系·小件绣品卷》
78	金玉满堂纹绣片	私人收藏	《中国古代丝绸设计素材图系·小件绣品卷》
79	岁岁富贵纹绣片	私人收藏	《中国古代丝绸设计素材图系·小件绣品卷》
80	连年有余纹刺绣枕顶	辽宁省生产	《民间枕顶》
81	吉庆有余纹刺绣枕顶	辽宁省生产	《民间枕顶》
82	福在眼前纹刺绣枕顶	辽宁省生产	《民间枕顶》
83	喜上眉梢纹刺绣肚兜	私人收藏	《中国古代丝绸设计素材图系·小件绣品卷》
84	安居乐业纹刺绣枕顶	王洪坚藏	《民间枕顶》
85	螳螂萝卜纹绣片	私人收藏	《中国古代丝绸设计素材图系·小件绣品卷》
86	三阳开泰纹刺绣枕顶	侯瑞芳、杨景秀等藏	《民间刺绣珍赏》
87	六合同春纹刺绣褡裢钱荷包	侯瑞芳、杨景秀等藏	《民间刺绣珍赏》
88	岁寒三友纹刺绣枕顶	辽宁省生产	《民间枕顶》
89	四君子纹刺绣枕顶	辽宁省生产	《民间枕顶》
90	博古纹刺绣枕顶	吉林省生产	《民间枕顶》
91	四艺集雅纹刺绣枕顶	辽宁省生产	《民间枕顶》
92	枫桥夜泊纹刺绣枕顶	辽宁省生产	《民间枕顶》
93	诗词楹联刺绣枕顶	侯瑞芳、杨景秀等藏	《民间刺绣珍赏》

续表

图序	图片名称	收藏/生产地	来源
94	渔樵耕读纹刺绣枕顶	侯瑞芳、杨景秀等藏	《民间刺绣珍赏》
95	羲之爱鹅纹刺绣名片夹	辽宁省生产	《民间刺绣》
96	陶渊明赏菊纹刺绣枕顶	侯瑞芳、杨景秀等藏	《民间刺绣珍赏》
97	米芾拜石纹刺绣枕顶	侯瑞芳、杨景秀等藏	《民间刺绣珍赏》
98	福寿富贵纹绣片	故宫博物院	《中国古代丝绸设计素材图系·小件绣品卷》
99	平安富贵纹绣片	私人收藏	《中国古代丝绸设计素材图系·小件绣品卷》
100	三多纹刺绣袖边	台北故宫博物院	《中国织绣服饰全集(刺绣卷)》
101	岁朝清供纹刺绣镜心	私人收藏	《中国古代丝绸设计素材图系·小件绣品卷》
102	福寿富贵纹绣片	私人收藏	《中国古代丝绸设计素材图系·小件绣品卷》
103	三多纹绣片	私人收藏	《中国古代丝绸设计素材图系·小件绣品卷》
104	绣线释迦牟尼佛轴	台北故宫博物院	《中国织绣服饰全集(刺绣卷)》
105	刺绣白度母像	四川省博物馆	《中国织绣服饰全集(刺绣卷)》
106	堆绫绣观世音菩萨像	青海省同仁县生产	《刺绣之旅》
107	堆绫绣吉祥天女像	青海省同仁县生产	《刺绣之旅》
108	八仙过海纹刺绣枕顶	山东省生产	《民间枕顶》
109	麻姑献寿纹刺绣枕顶	辽宁省生产	《民间枕顶》
110	刘海戏金蟾纹刺绣枕顶	山西省生产	《山西戏曲刺绣》
111	合和二仙纹刺绣枕顶	侯瑞芳、杨景秀等藏	《民间刺绣珍赏》

图序	图片名称	收藏／生产地	来源
112	福禄寿三星绣片	不详	《锦绣文章：中国传统织绣纹样》
113	赵彦求寿纹刺绣枕顶	侯瑞芳、杨景秀等藏	《民间刺绣珍赏》
114	八宝花卉纹刺绣补子	故宫博物院	《中国织绣服饰全集（刺绣卷）》
115	十字杵花卉纹刺绣凳套	北京艺术博物馆	《中国织绣服饰全集（刺绣卷）》
116	暗八仙纹刺绣枕顶	吉林省生产	《民间枕顶》
117	苗龙护苗娃纹绣片	吴通英绣制	《刺绣之旅》
118	蝴蝶人祖纹绣衣及其局部放大	贵州省台江县生产	《刺绣之旅》
119	蜘蛛太阳纹刺绣背带	广西壮族自治区三江县生产	《中国织绣服饰全集（刺绣卷）》
120	榕树月亮纹刺绣背带	广西壮族自治区三江县生产	《中国织绣服饰全集（刺绣卷）》
121a	《白蛇传》戏曲故事纹绣品	侯瑞芳、杨景秀等藏	《民间刺绣珍赏》
121b	《白蛇传》戏曲故事纹绣品	苏州刺绣研究所	《中国织绣服饰全集（刺绣卷）》
121c	《白蛇传》戏曲故事纹绣品	侯瑞芳、杨景秀等藏	《民间刺绣珍赏》
121d	《白蛇传》戏曲故事纹绣品	不详	《枕的风情：中国民间枕顶绣》
121e	《白蛇传》戏曲故事纹绣品	山西省生产	《山西戏曲刺绣》
121f	《白蛇传》戏曲故事纹绣品	辽宁省生产	《民间刺绣》
121g	《白蛇传》戏曲故事纹绣品	东北地区生产	《民间刺绣》
122a	《蝴蝶杯》戏曲故事纹绣品	山西省生产	《山西戏曲刺绣》
122b	《蝴蝶杯》戏曲故事纹绣品	山西省生产	《民间染织美术》
122c	《蝴蝶杯》戏曲故事纹绣品	陕西省生产	《母亲的花儿：陕西乡俗刺绣艺术的历史追寻》

续表

图序	图片名称	收藏/生产地	来源
123a	《火焰驹》戏曲故事纹绣品	山西省生产	《山西戏曲刺绣》
123b	《火焰驹》戏曲故事纹绣品	山西省生产	《山西戏曲刺绣》
123c	《火焰驹》戏曲故事纹绣品	陕西省户县文化馆	《母亲的花儿：陕西乡俗刺绣艺术的历史追寻》
123d	《火焰驹》戏曲故事纹绣品	山西省生产	《山西戏曲刺绣》
123e	《火焰驹》戏曲故事纹绣品	山西省生产	《中国戏剧图史》
124a	《梅降雪》戏曲故事纹绣品	山西省生产	《山西戏曲刺绣》
124b	《梅降雪》戏曲故事纹绣品	清华大学美术学院	《中国民俗艺术品鉴赏（刺绣卷）》
125a	《穆柯寨》戏曲故事纹绣品	吉林省伊通县生产	《中国戏剧图史》
125b	《穆柯寨》戏曲故事纹绣品	陕西省合阳县生产	《母亲的花儿：陕西乡俗刺绣艺术的历史追寻》
125c	《穆柯寨》戏曲故事纹绣品	侯瑞芳、杨景秀等藏	《民间刺绣珍赏》
126a	《七星庙》戏曲故事纹绣品	山西省生产	《山西戏曲刺绣》
126b	《七星庙》戏曲故事纹绣品	侯瑞芳、杨景秀等藏	《民间刺绣珍赏》
126c	《七星庙》戏曲故事纹绣品	陕西省澄县文化馆	《母亲的花儿：陕西乡俗刺绣艺术的历史追寻》
127a	《桑园会》戏曲故事纹绣品	山西省生产	《山西戏曲刺绣》
127b	《桑园会》戏曲故事纹绣品	侯瑞芳、杨景秀等藏	《民间刺绣珍赏》
127c	《桑园会》戏曲故事纹绣品	山东省生产	《民间枕顶》
128a	《拾玉镯》戏曲故事纹绣品	山西省生产	《山西戏曲刺绣》
128b	《拾玉镯》戏曲故事纹绣品	陕西省生产	《中国戏剧图史》
128c	《拾玉镯》戏曲故事纹绣品	山西省生产	《山西戏曲刺绣》

图序	图片名称	收藏 / 生产地	来源
129a	《双锁山》戏曲故事纹绣品	王金华藏	《中国民俗艺术品鉴赏（刺绣卷）》
129b	《双锁山》戏曲故事纹绣品	王金华藏	《中国民俗艺术品鉴赏（刺绣卷）》
129c	《双锁山》戏曲故事纹绣品	侯瑞芳、杨景秀等藏	《民间刺绣珍赏》
129d	《双锁山》戏曲故事纹绣品	侯瑞芳、杨景秀等藏	《民间刺绣珍赏》
130a	《苏小妹难新郎》戏曲故事纹绣品	山西省生产	《山西戏曲刺绣》
130b	《苏小妹难新郎》戏曲故事纹绣品	侯瑞芳、杨景秀等藏	《民间刺绣珍赏》
130c	《苏小妹难新郎》戏曲故事纹绣品	清华大学美术学院	《中国民俗艺术品鉴赏（刺绣卷）》
131a	《天河配》戏曲故事纹绣品	陕西省延川县生产	《母亲的花儿：陕西乡俗刺绣艺术的历史追寻》
131b	《天河配》戏曲故事纹绣品	山西省生产	《山西戏曲刺绣》
131c	《天河配》戏曲故事纹绣品	陕西省澄县文化馆	《母亲的花儿：陕西乡俗刺绣艺术的历史追寻》
131d	《天河配》戏曲故事纹绣品	四川省博物馆	《中国织绣服饰全集（刺绣卷）》
132a	《西厢记》戏曲故事纹绣品	侯瑞芳、杨景秀等藏	《民间刺绣珍赏》
132b	《西厢记》戏曲故事纹绣品	张觉民藏	张觉民提供
132c	《西厢记》戏曲故事纹绣品	王金华藏	《中国民俗艺术品鉴赏（刺绣卷）》
132d	《西厢记》戏曲故事纹绣品	江苏省生产	《中国民俗艺术品鉴赏（刺绣卷）》

续表

图序	图片名称	收藏 / 生产地	来源
132e	《西厢记》戏曲故事纹绣品	不详	《枕的风情：中国民间枕顶绣》
133a	《白兔记》戏曲故事纹绣品	东北地区生产	《东北民族民间美术总集（刺绣卷）》
133b	《白兔记》戏曲故事纹绣品	东北地区生产	《东北民族民间美术总集（刺绣卷）》
133c	《白兔记》戏曲故事纹绣品	张觉民藏	张觉民提供
133d	《白兔记》戏曲故事纹绣品	侯瑞芳、杨景秀等藏	《民间刺绣珍赏》
134a	《宝莲灯》戏曲故事纹绣品	侯瑞芳、杨景秀等藏	《民间刺绣珍赏》
134b	《宝莲灯》戏曲故事纹绣品	陕西省澄城县文化馆	《母亲的花儿：陕西乡俗刺绣艺术的历史追寻》
134c	《宝莲灯》戏曲故事纹绣品	陕西省渭南市生产	《母亲的花儿：陕西乡俗刺绣艺术的历史追寻》
135a	《郭巨埋儿》戏曲故事纹绣品	陕西省澄县生产	《母亲的花儿：陕西乡俗刺绣艺术的历史追寻》
135b	《郭巨埋儿》戏曲故事纹绣品	王金华藏	《中国民俗艺术品鉴赏（刺绣卷）》
135c	《郭巨埋儿》戏曲故事纹绣品	陕西省咸阳市文化馆	《母亲的花儿：陕西乡俗刺绣艺术的历史追寻》
136a	《鹿乳奉亲》戏曲故事纹绣品	山西省生产	《山西戏曲刺绣》
136b	《鹿乳奉亲》戏曲故事纹绣品	侯瑞芳、杨景秀等藏	《民间刺绣珍赏》
137a	《双官诰》戏曲故事纹绣品	辽宁省生产	《民间刺绣》
137b	《双官诰》戏曲故事纹绣品	山西省生产	《山西戏曲刺绣》
137c	《双官诰》戏曲故事纹绣品	陕西省澄县生产	《母亲的花儿：陕西乡俗刺绣艺术的历史追寻》

图序	图片名称	收藏/生产地	来源
137d	《双官诰》戏曲故事纹绣品	东北地区生产	《东北民族民间美术总集（刺绣卷）》
137e	《双官诰》戏曲故事纹绣品	侯瑞芳、杨景秀等藏	《民间刺绣珍赏》
138a	《四郎探母》戏曲故事纹绣品	侯瑞芳、杨景秀等藏	《民间刺绣珍赏》
138b	《四郎探母》戏曲故事纹绣品	山西省生产	《山西戏曲刺绣》
138c	《四郎探母》戏曲故事纹绣品	山西省晋南生产	《中国民间织绣印染》
138d	《四郎探母》戏曲故事纹绣品	侯瑞芳、杨景秀等藏	《民间刺绣珍赏》
139a	《王祥卧冰》戏曲故事纹绣品	山西省生产	《山西戏曲刺绣》
139b	《王祥卧冰》戏曲故事纹绣品	侯瑞芳、杨景秀等藏	《民间刺绣珍赏》
139c	《王祥卧冰》戏曲故事纹绣品	辽宁省生产	《民间枕顶》
140a	《杨香打虎》戏曲故事纹绣品	山西省生产	《刺绣之旅》
140b	《杨香打虎》戏曲故事纹绣品	不详	《民间荷包》
140c	《杨香打虎》戏曲故事纹绣品	甘肃省生产	《人类童年时代吉祥物：刺绣与荷包》
140d	《杨香打虎》戏曲故事纹绣品	陕西省澄县生产	《母亲的花儿：陕西乡俗刺绣艺术的历史追寻》
141a	《伯牙抚琴》戏曲故事纹绣品	吉林省生产	《民间枕顶》
141b	《伯牙抚琴》戏曲故事纹绣品	不详	《民间荷包》
142a	《二进宫》戏曲故事纹绣品	吉林省生产	《民间刺绣》
142b	《二进宫》戏曲故事纹绣品	东北地区生产	《刺绣之旅》
142c	《二进宫》戏曲故事纹绣品	张觉民藏	张觉民提供
143a	《九曲桥》戏曲故事纹绣品	张觉民藏	张觉民提供
143b	《九曲桥》戏曲故事纹绣品	河南省灵宝市生产	《刺绣之旅》

续表

图序	图片名称	收藏/生产地	来源
144a	《连环计》戏曲故事纹绣品	侯瑞芳、杨景秀等藏	《民间刺绣珍赏》
144b	《连环计》戏曲故事纹绣品	王金华藏	《中国民俗艺术品鉴赏（刺绣卷）》
144c	《连环计》戏曲故事纹绣品	山西省生产	《山西戏曲刺绣》
144d	《连环计》戏曲故事纹绣品	侯瑞芳、杨景秀等藏	《民间刺绣珍赏》
144e	《连环计》戏曲故事纹绣品	山西省生产	《山西戏曲刺绣》
144f	《连环计》戏曲故事纹绣品	张觉民藏	张觉民提供
145a	《桑园寄子》戏曲故事纹绣品	山东省生产	《民间枕顶》
145b	《桑园寄子》戏曲故事纹绣品	不详	《中国戏剧图史》
146a	《苏武牧羊》戏曲故事纹绣品	陕西省千阳县生产	《母亲的花儿：陕西乡俗刺绣艺术的历史追寻》
146b	《苏武牧羊》戏曲故事纹绣品	苏州刺绣研究所	《中国织绣服饰全集（刺绣卷）》
147a	《昭君出塞》戏曲故事纹绣品	苏州刺绣研究所	《中国织绣服饰全集（刺绣卷）》
147b	《昭君出塞》戏曲故事纹绣品	侯瑞芳、杨景秀等藏	《民间刺绣珍赏》
147c	《昭君出塞》戏曲故事纹绣品	侯瑞芳、杨景秀等藏	《民间刺绣珍赏》
148	《醉打蒋门神》戏曲故事纹绣品	不详	《枕的风情：中国民间枕顶绣》
149a	《黄鹤楼》戏曲故事纹绣品	山西省生产	《山西戏曲刺绣》
149b	《黄鹤楼》戏曲故事纹绣品	山西省生产	《山西戏曲刺绣》
150	《空城计》戏曲故事纹绣品	侯瑞芳、杨景秀等藏	《民间刺绣珍赏》
151a	《李存孝打虎》戏曲故事纹绣品	侯瑞芳、杨景秀等藏	《民间刺绣珍赏》

图序	图片名称	收藏 / 生产地	来源
151b	《李存孝打虎》戏曲故事纹绣品	陕西省生产	《母亲的花儿：陕西乡俗刺绣艺术的历史追寻》
152a	《哪吒闹海》戏曲故事纹绣品	苏州刺绣研究所	《中国织绣服饰全集（刺绣卷）》
152b	《哪吒闹海》戏曲故事纹绣品	陕西省澄县生产	《母亲的花儿：陕西乡俗刺绣艺术的历史追寻》
152c	《哪吒闹海》戏曲故事纹绣品	辽宁省生产	《民间枕顶》
153a	《群英会》戏曲故事纹绣品	山西省生产	《山西戏曲刺绣》
153b	《群英会》戏曲故事纹绣品	张觉民藏	张觉民提供
153c	《群英会》戏曲故事纹绣品	张觉民藏	《嘉兴民间美术》
154a	《渭水河》戏曲故事纹绣品	侯瑞芳、杨景秀等藏	《民间刺绣珍赏》
154b	《渭水河》戏曲故事纹绣品	东北地区生产	《东北民族民间美术总集（刺绣卷）》
155a	《西游记》戏曲故事纹绣品	东北地区生产	《刺绣之旅》
155b	《西游记》戏曲故事纹绣品	侯瑞芳、杨景秀等藏	《民间刺绣珍赏》
155c	《西游记》戏曲故事纹绣品	甘肃省	《人类童年时代吉祥物：刺绣与荷包》
155d	《西游记》戏曲故事纹绣品	侯瑞芳、杨景秀等藏	《民间刺绣珍赏》
156a	《武松打虎》戏曲故事纹绣品	不详	《枕的风情：中国民间枕顶绣》
156b	《武松打虎》戏曲故事纹绣品	苏州刺绣研究所	《中国织绣服饰全集（刺绣卷）》
157	跑针	台北故宫博物院	《中国织绣服饰全集（刺绣卷）》
158	劈针	广东省生产	《传统广绣针法工艺全集》
159	滚针	江南大学民间服饰传习馆	本书作者拍摄

续表

图序	图片名称	收藏／生产地	来源
160	缉针	广东省生产	《传统广绣针法工艺全集》
161	斜缠	故宫博物院	《中国织绣服饰全集（刺绣卷）》
162	套针	吉林省生产	《民间枕顶》
163	羼针	不详	《雪宧绣谱图说》
164a	正戗针	不详	《雪宧绣谱图说》
164b	反戗针	不详	《雪宧绣谱图说》
165a	叠鳞	不详	《雪宧绣谱图说》
165b	抢鳞	不详	《雪宧绣谱图说》
165c	扎鳞	不详	《雪宧绣谱图说》
166	扎针	私人收藏	《中国织绣服饰全集（刺绣卷）》
167	松针	故宫博物院	《中国织绣服饰全集（刺绣卷）》
168	戳纱	辽宁省生产	《民间枕顶》
169	挑花	台北故宫博物院	《中国织绣服饰全集（刺绣卷）》
170	铺绒	江南大学民间服饰传习馆	本书作者拍摄
171	闭口锁针	湖北省荆州地区博物馆	《中国织绣服饰全集（刺绣卷）》
172	开口锁针	新疆文物考古研究所	《天山古道东西风——新疆丝绸之路文物特辑》
173	打籽针	不详	《雪宧绣谱图说》
174	网针	蜀江锦院	《中国蜀绣》
175	钉线	广东省生产	《传统广绣针法工艺全集》
176	圈金	台北故宫博物院	《中国织绣服饰全集（刺绣卷）》

图序	图片名称	收藏 / 生产地	来源
177	盘金	台北故宫博物院	《中国织绣服饰全集(刺绣卷)》
178	拉锁子	不详	《雪宧绣谱图说》
179	穿珠	故宫博物院	《中国织绣服饰全集(刺绣卷)》
180	补花	故宫博物院	《中国织绣服饰全集(刺绣卷)》

注：

1. 正文中的文物或其复原图片，图注一般包含文物名称，并说明文物所属时期和文物出土地 / 发现地信息。部分图注可能含有更为详细的说明文字。

2. "图片来源"表中的"图序"和"图片名称"与正文中的图序和图片名称对应，不包含正文图注中的说明文字。

3. "图片来源"表中的"收藏地"为正文中的文物或其复原图片对应的文物收藏地。

4. "图片来源"表中的"来源"指图片的出处，如出自图书或文章，则只写其标题，具体信息见"参考文献"；如出自机构，则写出机构名称。

5. 本作品中文物图片版权归各收藏机构 / 个人所有；复原图根据文物图绘制而成，如无特殊说明，则版权归绘图者所有。

6. 因本卷收录的刺绣作品多为晚期传世或私人收藏品，生产地是刺绣风格的重要判断依据，故本册单独列出部分民间刺绣的产地，供读者参考。

　　首次接触民间刺绣是在硕士学习阶段，当时我对民间艺术的认识还很模糊，只是觉得刺绣上的花花草草、鸟兽人物新鲜可爱，图案的组织形式和寓意也颇有意趣。后来在导师赵丰教授的指导下完成了硕士学位论文《民间刺绣戏曲题材研究》，这便算是我与民间刺绣最初的接触了。

　　随着时间的推移和了解的深入，我对这种飘散着浓厚的乡土气息的艺术形式愈发喜爱。它们质朴纯真、生动活泼，和劳动人民的生活紧密联系在一起，它们反映了劳动人民的情、爱和理想，它们全无矫揉造作之气，总是那么真切和鲜活！民间刺绣的这种感染力深深吸引和打动着每一个喜爱它们的人。

　　本书精心挑选了多件有代表性的民间刺绣并对图案进行了较为详细的分析，另外对民间刺绣的发展历程、地域特色、民俗内涵和基本针法等也有相对简单但较为全面的描述。我有幸能将我对民间刺绣的认识和体会与人分享，也衷心希望有更多的人喜欢它们。本书在资料收集、整理和撰写的过程中得到了赵丰教授的指导和嘉兴美术馆馆长张觉民先生的帮助，我在此表示深深的感谢。另外,感谢教育部人文社科青年项目"多元文化视角下丝路出土刺绣的整理与研究(17YJC760031)"、海南省哲学社科规划课题"丝绸之路上的刺绣艺术及其文化交流研究[HNSK(ZC)17–15]和教育部中华优秀传统文化黎锦传承基地对课题的资助,感谢浙江大学出版社对本书出版的支持,感谢编辑包灵灵和陆雅娟女士的辛勤付出。

最后,本书涉及的民间刺绣年代比较接近,部分刺绣无法断代,故本卷未提供部分刺绣的断代信息。另外由于资料、出版周期的限制和本人认识及笔力有限,疏漏不周之处难免,还敬请专家、读者批评指正。

邝杨华

2020 年 12 月 20 日

于海南师范大学

图书在版编目（CIP）数据

中国历代丝绸艺术. 民间刺绣 / 赵丰总主编；邝杨
华著. — 杭州：浙江大学出版社，2021.6（2022.6重印）
ISBN 978-7-308-20832-1

Ⅰ. ①中… Ⅱ. ①赵… ②邝… Ⅲ. ①刺绣—民间工
艺—中国 Ⅳ. ①TS14-092②J523.6

中国版本图书馆CIP数据核字(2020)第244396号

本作品中文物图片版权归各收藏机构/个人所有；复原图
根据文物图绘制而成，如无特殊说明，则版权归绘图者所有。

中国历代丝绸艺术·民间刺绣

赵　丰　总主编　　邝杨华　著

丛书策划	张　琛
丛书主持	包灵灵
责任编辑	陆雅娟
责任校对	马一萍
封面设计	程　晨
出版发行	浙江大学出版社
	（杭州市天目山路148号　　邮政编码　310007）
	（网址：http://www.zjupress.com）
排　　版	杭州林智广告有限公司
印　　刷	浙江影天印业有限公司
开　　本	889mm×1194mm　1/24
印　　张	10.5
字　　数	175千
版 印 次	2021年6月第1版　2022年6月第2次印刷
书　　号	ISBN 978-7-308-20832-1
定　　价	88.00元

版权所有　翻印必究　　印装差错　负责调换

浙江大学出版社市场运营中心联系方式：0571-88925591；http://zjdxcbs.tmall.com